发展学会.

Institute of Self Improvement

刘Sir 著

个人发展学会 出品

思维的精进

高效人生修炼手册

中国华侨出版社

北京

图书在版编目（CIP）数据

思维的精进 / 刘Sir 著．—北京：中国华侨出版
社，2017.10

ISBN 978-7-5113-7066-2

Ⅰ．①思… Ⅱ．①刘… Ⅲ．①成功心理－通俗读物
Ⅳ．① B848.4-49

中国版本图书馆 CIP 数据核字（2017）第 229095 号

思维的精进

著　　者：刘 Sir
出 版 人：刘凤珍
责任编辑：林　炎
装帧设计：末末美书
经　　销：新华书店
开　　本：880mm×1230mm　1/32　印张：10　字数：220千字
印　　刷：河北鹏润印刷有限公司
版　　次：2017年11月第1版　2017年11月第1次印刷
书　　号：ISBN 978-7-5113-7066-2
定　　价：49.80元

中国华侨出版社 北京市朝阳区静安里 26 号通成达大厦 3 层　　邮编：100028
法律顾问：陈鹰律师事务所
发 行 部：（010）82068999　　传真：（010）82069000
网　　址：www.oveaschin.com
E－mail：oveaschin@sina.com

如发现印装质量问题，影响阅读，请与印刷厂联系调换。
质量投诉电话：010-82069336

目录

前　言：让知识更好地连接世界 __I

自　序：愿生命温柔且有力量 __V

第一章

突破篇：刷新你的认知

002　知识不是力量，智慧才是

011　选择不做什么，比选择做什么更重要

021　不要因为自己是女人就止步不前

029　我们为什么要努力

038　放弃是一门艺术：放弃与坚持同等重要

048　普通人依靠常识，牛人站在常识之上

第二章

修炼篇：自我提升的九个招式

060　无法掌控自己的人，不足以谈人生

068　如何全情投入，成为一个高效能人士

078　为什么你从早忙到晚，能力却没有提升

087　如何做一个不盲从的聪明人

097　如何让你的思考更犀利，表达更有力

106　掌握沟通的艺术，化解人际冲突魔咒

116　成为说服高手，影响他人而不是被他人影响

126　不会说话的人讲道理，会说话的人讲故事

136　掌握身体语言，甚于拥有超强说服力

第三章

精进篇：这些决定你五年之后的位置

146　一万小时天才理论

154　现在，发现你的职业优势

162　所谓优秀，就是坚持好习惯

171　向身边的牛人学习，实现思维的跃进

180　你坚信什么，就会得到什么

第四章

工具篇：应对未来的七大利器

190　如何和别人想的不一样

199　如何利用直觉快速做判断

208　如何做决定

217　如何从变化中获益

226　如何利用潜意识控制行为

235　如何做好目标管理

245　如何驱动自己

大咖问答

256　人要管理的是性格，不是方法
磨铁图书创始人　沈浩波

258　给所有女性：此时此刻的你最美丽
张德芬空间联合创始人　刘丹

260　你只活一次，请倾听自己内心的声音
喜马拉雅 FM 联合创始人　余建军

263　生活从 1 到更多：电影给我们更丰富的可能性
《中国新闻周刊》主笔、著名影评人　杨时旸

265　借用古人智慧，升级认知，找到自我思考的角度
前罗辑思维策划人　李源

268　直觉＋逻辑推理＋执行力＝一个强大的商业团队
财经大咖　李德林

270　高情商修炼：付出更少，拥有更多
畅销书《所谓情商高，就是会说话》作者　兆民

大咖问答

274　别奢望哲学会告诉你该做什么，它只能帮你厘清思维
复旦大学哲学名师　　郁喆隽

277　如何通过阅读经典来滋养心灵
新经典外国文学总编辑　　黎遥

279　靠自己真正的手艺向前一步，让内心获得独立
磨铁图书总编辑　　魏玲

282　提升投资能力＝知识＋人脉＋判断力＋心智模式的升级
资深财经媒体人　　郑前

285　纠结不是坏事，坏事是你一直纠结
资深人力资源专家　　张晓彤

288　工匠精神才是个人与企业的生存之道
90后产品经理、创业者　　白丁

290　会说话的人素质就一定高吗
喜马拉雅《超级聊天术：跟谁都聊得来》主讲人　　张大鹏

293　成就你的往往是你经历的绝望和痛苦
北京人民广播电台主持人　　奕丹

让知识更好地连接世界

　　这是一个属于造梦者的黄金年代，努力的人很多，聪明的人也很多，聪明并且努力的人更是从来不少。随着知识碎片化、思维与观念的传播碎片化，我们面临的不再只是简单的信息大爆炸，信息与我们的社交、关系、观念和消费紧密交叉、互相碰撞，让我们疲于奔命、招架不住、无所适从。

　　乔布斯说："Stay hungry, stay foolish."（求知若饥，虚心若愚）如今这已经沦为老生常谈。**我们从未如此焦虑，新鲜感、活跃度、好奇心、学习力，成了我们面对这个世界的基本能力。**

　　从某种意义上来说，当今的中国已经开始迈向一个中产化的社会，人们的生存问题解决了，变得更有钱了，但是面对的竞争也越来越大了。有钱不一定就是真正的中产，也可能只是伪中产。如今，人与人之间以见识属性来构建圈层，所以我们有必要在一个基本的维度为大家供应一种解决自身焦虑的办法。因为中产化，从某种意义上来讲，就是这个社会网络的知识化。

我们共同面对如此庞杂的知识供给与需要。很多时候，当我们在谈金字塔式管理的时候，横向管理的理念已经开始流行；当我们沉迷于绩效考核的时候，大家已经在思考，在奖励与惩罚全然失效的当下如何驱动人们的热情；从长尾理论、引爆点，从 0 到 1，再到心理学、管理学、生物学、大脑神经学等交叉学科的发展，在不断推动着我们对世界认知的进步与更新。在昨天看来是常识的东西，放到今天很可能已经不那么适用，放到明天则有可能是错的。

那么我们到底应该保有什么、舍弃什么、屏蔽什么、相信什么、接受什么、思考什么，去做的又是什么？

所有对于个人有用的东西，我们都没有理由不去获取以应对未来。只是，一切的一切，筛选与重点优先级确立的标准是什么？这需要我们与现实同步，甚至多迈出不多不少的半步，在动态平衡中思考、应对与这个世界的关系。而这样的前提是，我们的观念和思维要保持领先，当我们站在一个高的框架之上，才能更好地取舍有用与无用，更好地明白"有用之无用，无用之有用"。

于是，我和我们的团队试图做这样一个努力，做一个有关思维更新与竞争力的知识策划。我们希望基于一个人应对世界的竞争力维度，从常识中提炼见识，持续地关注并研究对个体有用的新的思维理念，追踪各种有价值的认知维度，希望你能像聪明人一样思考，希望思维能成为你应对世界的优势。

也许我们思考的维度不是那么到位，理解的程度未必那么深，做得也不是那么尽如人意。但我们相信,这个出发点是一种切实的"需要";我们也相信,所谓完美,更是一种持续追求的态度与过程;我们也会尽最大的努力让大家觉得有用,和大家一起成长。

我觉得我是一个幸运的人,幸运于自己从事了内容行业十几年;幸运于一路走来我都能在内容行业里最好的公司就职;幸运于我曾创立过为大众分享实用知识的"黑天鹅"图书品牌;幸运于我能与全中国,甚至全世界最有价值的思想、最聪明的大脑间接或直接地交流与学习。

但我最大最大的幸运,是有我们创业团队的每一个兄弟姐妹,有我们各个领域用八万个小时的经验等你的所有专家、合伙人,还有和我一起为策划"思维的精进"这个全媒体内容产品幕后付出的伙伴,幸好我们能在最好的年华里,共同努力去做这样一件充满挑战和极具价值的事。

愿生命温柔且有力量

01
天真的人，大多能走得更远

从小到大，也许因为我是家中老二的缘故，我比大多数年轻人都活得更自我或者说更多了一点小自私。我用尽了整个青春在折腾与挣扎，但每一个阶段我都有自己的目标，不管它多么可笑。上初中的时候，看武侠小说、打架、逃学、离家出走……除了学习，什么都做。

高一的时候，成绩低得离谱，期末考试最高分 12 分。他们说我是《古惑仔》看多了，"义气"这两个字贴在身上一直觉得很酷，当一个牛叉的古惑仔就是我那个年代的目标。也许那时我真的认为，人生就应该像港产电影里那样，靠自己的双手拼出一条血路。轰轰烈烈，至死方休。于是，我退学了。

遗憾的是，我没有跟上有钱的大哥。当小混子的日子并不那么美好，除了打牌、无所事事地混日子，在一个小县城里真的没那么剽悍和威猛。退学后的我，无所事事地在家里"赋闲"了半年。实在是太无聊了，父母也不给我钱出去"混"，我只好去了姨夫的建筑公司做水电安装师傅的学徒，在16岁生日那天正式开始了我的民工生涯。

我半夜两三点在打混凝土的工地上安装管道，在瓢泼大雨中爬七八层楼高的塔吊，一点都不觉得累。第一个月的工资我还给自己买了一台BP机（当时流行的通信工具），迄今为止，这个号码被我习惯性地运用于各个账户的密码中。

在香港1997年金融危机的时候，为鼓舞士气，TVB拍了一部经典的电视剧《创世纪》，总共有100多集。这部电视剧看得我热血沸腾，其中有两句经典台词，迄今都激励着我："成功就是要把不可能变成可能！""万丈高楼平地起，基础一定要打牢！"这是一部关于房地产的电视剧，主人公叶荣添成了我的偶像。

我记得当时数过，他应该有17次创业，16次失败，最后一次成功，实现了无烟城的梦想。说起来很多朋友一定觉得我天真可笑至极——就因为这部电视剧，我决定重新读书，立志从当包工头开始，未来要做地产大亨。

我就是这种敢去相信的人，倔强的、执着的，想明白就去做的人，哪怕所有人质疑我，反对我。

当时我的家人确实还以为我是在工地上干累了，想偷懒再回学校混日子。我骨子里的天真，到现在都没有变。不论过去给自己挖过多少坑，也从未后悔。这就是我，从一个坑里挣扎着爬起来，又不断地把自己推进另一个更大的坑里打滚。

或许这就是我喜欢《盗墓笔记》里"无邪"的名字的原因，也是我喜欢"因为天真，所以勇敢。因为勇敢，所以执着"这句话的原因。不知道那种义无反顾的冲动，在人长大之后还能保留多少，我也因为一直庆幸自己抱有这样的东西，觉得自己还很年轻。

我现在自己开公司，有时候招人，骨子里并不是那么在意年轻人的学历和经验，反而更喜欢一个人身上有点天真的劲头。**因为我知道，天真的人，大多能走得更远。**

02
理想终是要有的，万一改变命运了呢？

从想做古惑仔到当工人的现实出路，再到有了当地产大亨的志向后，我实实在在地回到了校园。一路走来，我比原来的同班同学低了两级，而学习上的差距已经不止一两年了。

当一个人清楚地知道自己想要什么的时候，专注力引爆的自身潜能将超出我们的想象。

我用两个月的时间把初中三年落下的知识补了回来，再用两个月的时间把高中三年的英语单词背完、三年的高中数学全部自学完。如果把补习班的高四算上，我等于是两年跳了两级然后考上了大学。

在大学里面，所有的同学都是睡觉睡到自然醒，但我每天六点半就坐在了自习室，还如饥似渴地泡在图书馆里读商业经管书，自学了商学院本科和研究生的课程。

我觉得人一旦知道自己内心里真的想要什么，所有在别人眼中的苦，对自己来说都是甜的。旁人认为我是在拼命，但于我而言，每天看到自己的进步，真的是一件很嗨的事。

在每一个时间点的进步，都让我知道自己离梦想越来越近，我陶醉其中。

所以我特别享受后来做出版时与付遥合作《输赢2》的过程，他提纲挈领地向我表达了一个心境："**人生本是过程，输赢有时候并不是那么重要！**"

不过，即便如此，我也不是没走过弯路。

03

人生不可能笔直前行，但可以少走弯路

大学毕业后，我卖过保险、做过房产中介、帮朋友做过网站，平均三个月换一个公司，在理想和现实中做过无数的挣扎。

这些弯路从来没让我灰心丧气过，因为总有更好的目标在牵引着我，我唯有不断改变方向，不断调整罗盘。

我并不相信有所谓一帆风顺的人生，我觉得所有人在找到自己"正确"的职业生涯之前，都应该去"寻"它，试过一些错，经历过一些成长，得到的才更宝贵。

走入出版业之后，我的罗盘才最终在"内容"这个领域定了下来。

我 26 岁做总经理，29 岁当总裁，33 岁融资千万开公司。在此期间，我先后带领团队策划出版了《自控力》《拆掉思维里的墙》《人生不设限》《罗辑思维》等超级畅销书……与李开复、时寒冰、宋鸿兵、陈志武、罗振宇、乐嘉等众多商业名家、知名 IP 深入合作。我的人生像开了挂一样，在知识内容的土壤里汲取养分，开花结果。

回顾这 18 年的苦乐得失，我深知思维和格局对于更长时间轴上的自我塑造有多么重要，找到愿意为之全力以赴的目标与梦想后，能激发的潜能到底会有多大。

所谓精进，就是思维与格局上的精进。

我看到很多和当年的我一样迷茫的年轻人，我很想告诉他们："人生不可能完全走直线，但是我们可以少走弯路。"

04

不忘初心，方得始终

看完了我的故事，或许你们觉得我是在给你们励志。其实不是。

从事图书出版行业十多年，我见证过无数超级畅销书诞生的始末，我身边有很多事业做得很好的作者、企业家、老师和同事。和整个中国内容产业的最前端打交道，我始终没敢怠慢过自己的成长。而这么多年，我也始终以虔诚的姿态，向每一个创造和分享知识的人致敬。

从多年管理工作到开始自己创业，这个过程中，我看到很多迷茫的年轻人在我曾经绕过的弯道上纠结，在那些思维的坎儿上摔倒。

创业的成功首先是团队的成功，我希望我们的创业小伙伴都敢去相信，都能够有一个更高层次的思维框架，激发出自己内在的潜能，携手精进，退则生死相扶，进则举杯相庆。

做才是得到，做就一定能够得到。

基于这个初心和发愿，我在想，能不能把自己经历过的、看到过的、领会到的来一次自我总结，也把这些分享给我创业团队的年轻人，再进一步地，能不能让更多的年轻人从中获益？

又或者，做这样一个内容产品，对一家原创内容开发与知识 IP 孵化的公司带头人来说，是否也是一次自我探路与经验摸索呢？越想越觉得这是一件极具价值的事情。

我们常说"时间是一张网，撒到哪里，哪里就会有收获"，可是，我们到底该以何种手法撒网，又撒向哪片河域，才能以三分的力气获取七分的回报，而不是用七分的力气获得三分的收获呢？

所谓精进，首先是我们思维上的不懒惰。

知识常常似一团巨大的棉花包裹着我们，看似充盈，实则并不实用。甚至降低了我们获取更多实用内容的效率，产生了事倍功半的负面结果。

于是，我和我的团队决定，在喜马拉雅的平台上，开创《思维的精进》这样一档节目，并以此为基础出一本书。我们希望《思维的精进》要做的事是为用户铸造一把锄头，而不是提供一片荒杂的草地。

"授之以鱼不如授之以渔"，《思维的精进》不是为了单纯地抢占用户时间，也不只是为了节约用户获取知识的时间，而是希望通过提供知识让用户更高效地连接世界，这也是我们创立"合生载物"这家公司的初衷和愿景。

这就是我，以及我做这档节目、出这本书的价值。这不是一篇励志文，也不是一篇干巴巴的知识文。我只想坦诚地分享自己，希望能够对你有所帮助，也希望这本书能够真正给你一些启发。

第一章　突破篇：

刷新你的认知

知识不是力量，智慧才是

古人说，三十而立。过了三十岁，人生难免有了一些感触。

摸爬滚打十余年，经历过一些事，见过很多人，我比谁都更相信智慧的力量。

在北京的时候，有一段时间红星二锅头的文案铺天盖地，文案是这样的："将所有一言难尽，一饮而尽。"我觉得这是我见过的最好的文案。因为有了人生阅历和智慧的加持，比起那些强调优势的文案，自然更能够打动人心。

在这一章里，我将结合我的经历来聊一聊我对智慧的认知，知识和智慧有什么关系和区别，我们又将如何积累智慧，从而走好自己的人生道路。

学习智慧，不断自我超越，是没有捷径可走的。这些都需要终生的努力。希望在修炼智慧的道路上，我们能够一路同行。

在刘瑜的书《送你一颗子弹》中，她有一句话说得很到位："知识只是信息而已，智慧却是洞察力。"聪明的人，并不是知识最多的人，而是能找到解决方法和答案的人。

有一个流传很广的段子。早些年，一家大型日用品公司引进了一条香皂包装生产线，结果发现这条生产线有个缺陷：经常会有空包装盒，需要人工挑选出来，非常影响效率。他们请了一个自动化专家来解决这个问题。专家组建了一个十几人的项目组，综合采用了机械、自动化、X射线探测等技术，花了几十万元，终于成功解决了问题。

中国南方有个乡镇企业也买了同样的生产线，也存在同样的问题。老板发现这个问题后很恼火，找了个工人说："赶紧给我搞定，不然走人。"工人很快想出了办法。他在生产线旁边放了一台大功率电风扇，将风量开到最大，这样空的香皂盒就都被吹走了。所有花费为90元。

由此可见，知识并不一定就是力量，智慧才是。我并不是否认知识的价值，但是若能够得到智慧的加持，知识将得到更好的发挥。这一点，我在后面会详细阐述。

对智慧的认知，我经历了相当长的一个过程。虽然现在已经毕业十年有余了，但大学时上过的两堂课却一直记得，影响我至今。

第一堂课，是广告学老师的课，对我影响很大。

广告学老师第一天进门的时候，在黑板上写了三行字："山是山，水是水；山不是山，水不是水；山还是山，水还是水。"

这句话，是青原惟信禅师提到自己参禅的历程时说的。完整的版本是："参禅之初，看山是山，看水是水；禅有悟时，看山不是山，看水不是水；禅中彻悟，看山还是山，看水还是水。"

老师解释说，无论是学武、悟道还是做人，其本质和境界都有着潜在的相似点，都要经历一个从清醒到迷惑，再从迷惑到清醒的过程。

这个问题很好理解。

从小时候开始，你受到的教育是要说真话，为人要真诚。父母、长辈告诉我们的大道理，我们都铭记于心。于是，你照章行事，以一颗赤子之心面对世界。这个时候，你对世界的理解很肤浅。

这是"山是山"阶段。

后来，在现实面前，你处处碰壁，经常被人坑。你开始觉得这个世界很复杂，开始厌烦长辈念叨的人生智慧，觉得他们都是错的。这时候，你开始学会变通，学习一些为人处世的技巧，变得圆滑。经过实践，这种方法确实有效。你的人生也得到了相当大的提升。这个时候，你对这个世界感觉很迷惑。

这是"山不是山"阶段。

然而，当你想再往上走的时候，你会发现，面对各种大咖和精英，所谓的技巧失去了用武之地。都是千年的狐狸，玩什么聊斋？高手过招，至真至诚，注重格局。高手不缺钱，最看重的是时间。简单一点，直来直去，这样反而能节约时间成本。这时候，你才明白，父母的话其实很多时候都是对的。不听老人言，吃亏在眼前。这个时候，你的人生又开始变得简单从容。

这是"山还是山"阶段。

这堂课对我的影响很大，后来，我遇到事情的时候，总是告诫自己不要想得太复杂了，人其实都很简单。世界有它本来的样子，一直未曾改变，是我们心境的改变导致了困惑和烦恼。

大道至简，人生的核心问题和关键因素，从来就没有改变过。

所以，这堂课在某种程度上成为了我的心灵导师，指引着我的人生方向。

第二堂课，是我听过的一次讲座。

当时，美国第一位华裔市长黄锦波来学校做讲座。他的一段话，成了我最重要的收获："聪明的人不是知识渊博的人，而是知道怎么用简单有效的方法迅速找到答案的人。书读得再多，如果没有智慧，就是一本字典。字典是让人翻的，我们要让自己成为翻字典的人，而不是成为字典本身。"

这段话给我带来了前所未有的冲击，几乎成为了我个人价值观中很重要的一部分。这也是为什么直到今天，我都认为自己是一个坚定不移的方法论者。

有朋友曾说："多读点知识，不如多学点智慧。"从客观上来说，我很认同这个观点。这是一个知识爆炸的时代，知识已经足够多了，时光有限，太多的东西我们学不过来。在这个世界知识一点都不稀缺，也不难获取，稀缺的是智慧，亟须去获取的是我们应对这个世界的常识的认知。

现代人知识虽然比古人丰富，但绝不如古人有智慧。我们花了大把的时间在知识的获取上，却少有时间在自我人性的洞见和常识的认知上。

在这个知识大爆炸的时代，我们缺乏的不是知识，而是要学会正确地运用知识。这就需要智慧。什么是智慧？智慧，是指对事物能迅速、灵活、正确地理解和处理的能力。从这个角度来说，智慧的作用远远大于知识。我觉得，知识虽然重要，但只有拥有智慧，才能够正确运用好知识，让知识发挥最大效能。否则，你懂得的知识再多，也比不过维基百科。

为什么要说，知识不是力量，智慧才是力量？

如果把人比作一台电脑的话，知识就是电脑的硬件配置，而智慧就是操作系统。

单独的硬件，比如 CPU、内存、硬盘、鼠标、键盘，就是一堆冰冷的配件，你用它们什么也做不了。只有将它们组合在一起，组装成一台电脑，然后装上操作系统，我们才能用它工作和娱乐，做很多我们想做的事情。我们很难改变自己的配置，能做的就是给自己装上更强大的系统。所以，我们的人生使命，就是不断积累和提升智慧。

在人类生存方面，最有用的东西就是智慧，即通过知识加体验之后浸透到人心灵的东西最为重要。

一个年轻人离开故乡，追求自己的前途。出发之前，他去拜访族长，请求指点。老族长正在练字，他听说本族有位后辈开始踏上人生的旅途，就写了 3 个字："不要怕。"然后抬起头来，望着年轻人说："孩子，人生的秘诀只有 6 个字，今天先告诉你 3 个字，供你半生受用。"

30年后，这个年轻人已人到中年，有了一些成就，也有很多伤心事。回到了家乡，他又去拜访那位族长。他到了族长家里，才知道老人家几年前已经去世，家人取出一个密封的信封对他说："这是族长生前留给你的，他说有一天你会再来。"还乡的游子这才想起来，30年前他在这里听到人生的一半秘诀，拆开信封，里面赫然又是3个大字："不要悔。"

中年以前不要怕，中年以后不要悔。这是人生的要义，饱含着智慧。

等到这个年轻人年老的时候，"前半生不要怕，后半生不要悔"这句话对他来说已不是什么"知识"了，它终于变成了"智慧"，浸入了他的血肉，成为了他的一部分。

那么，知识和智慧有什么关系？

知识和智慧，没有必然的关联。也就是说，智慧和知识关系不是很大。六祖不识字，但是比识字的神秀更能领悟佛教的奥义。金庸《侠客行》中的主人公石破天由于不识字，学武术反而更容易看明白。很多富豪虽然文化程度很低，但依然能够纵横商界。虽然他们缺乏知识，但他们并不缺乏智慧。

知识和智慧本身并不矛盾，但我觉得智慧比知识更重要。如果二者只能选其一的话，我一定选智慧。

知识是死的，很容易获得。它没有方向，只会告诉你"就是这样"。至于"怎么才能做到"是智慧的事情。

智慧是活的，很难获得。它是对知识的一种运用，体现在你的言行、道德、处理事情的态度与方法等方面。

知识只是提供了一种资源而已。智慧则是能够发现好的资源，并合理运用。

那么，智慧从何而来，我们又将如何获得智慧？

了解人性，学习必要的心理学知识

所谓智慧，有相当一部分是基于对人性的了解。

我曾经看过一个故事。有个人开了一家饭店，开业的时候最需要宣传，就雇了几个人发传单。但是，那几个人都是新手，发了半天也发不出去几张。

这个人就问了两个问题：传单什么时间最难发？哪里最难发？

那几个人一致认为是：建筑工地上的民工吃午饭的时候最难发。

那人就马上去小超市买了一包最便宜的抽纸，中午去工地上发传单了，每张传单上附上一张纸巾。

结果，传单根本不用发，民工们都抢着要。

那几个被雇来发传单的人，看到了都深感惭愧，后来干活特别卖力，又帮那个人省了不少工资。他的饭店，很快生意就红火起来了。

我看完这个故事，就觉得人与人之间的差距，可能比我们想象的大多了。

其实，所谓智慧，基本上都是来自对人性的了解。而人性，自古以来都没有变过。要了解人性，则需要阅历。这部分要靠自己积累，也可以阅读一些相关的心理学著作，比如《乌合之众》《自私的基因》等。这些经典著作对人性的分析十分精准到位。

从大道理中学习智慧

古今中外的人生智慧，在长达数千年的历史中流传至今的，几乎都是至理名言。比如，"做事先做人""好走的路都是下坡路"。

小时候，长辈的很多叮嘱，我总觉得是大道理，但直到自己经历了才知道，他们说的是几千年流传下来的智慧。聪明人会称之为常识，普通人称之为大道理。这些道理，需要生活的打磨，你才会慢慢懂。这中间也需要经过"山是山""山不是山""山还是山"的三个境界。

小时候有一件事，我到现在还记得。当时，爸爸向一个人借了一点钱，却忘了还。那人来家里要钱的时候，爸爸才想起这事，就准备进房间拿钱还给人家。爷爷看见爸爸在数钱，问清情况后，说："你如果现在说忘了还钱给人家。在别人眼里，你还是一个没有及时还钱的人。你说现在手里没钱，但在想办法凑钱，过两天准时给人送过去，人家反而会说你有信用。"

当时我正在房间里玩，爷爷的这番话，是我上过的第一堂智慧课。

所以，大道理在我看来，却是大智慧。

保持好奇心，多体验人生，增加阅历

智慧不是平白无故来的，主要来自个人的经历，或者向身边的高人学习。这个道理和玩游戏打怪升级一样，自己亲自打怪，虽然辛苦，但是经验丰富，成长也快。也可以组队或者挂机，跟着高手混，一样可以升级，只不过经验值会少一点，成长会慢一些。

要获得智慧，需要有大智慧的人来启发和点醒你，然而很多时候贵人是可遇不可求的。当然你也可以自己来悟，这就得靠天赋了，或者说灵感与运气。还有一种就是去多经历一些事情，平时多琢磨，也可以获得智慧。

当然，你也可以和大咖或者长辈多聊天请教，或者看一些名人传记。借助他人的人生经历，也能增加你的人生体验，增长智慧。

他们的经历非常丰富，饱经沧桑，随便单独拎出来十年，精彩程度都超过很多人的一生。有时候，让你纠结了几个月的职场或者人生问题，他们简单几句话，就能帮你化解。

当我开车还是个新手的时候，老担心跑偏，所以一边紧握方向盘，一边观察车道线，长此以往，精神高度紧张，身体也很疲劳。后来，我和老司机聊天的时候无意中提到了这个问题。老司机告诉我，要想车开不偏，只需望向远方就行了。简简单单一句话，便解决了我的大难题。

最后，我补充一句，别人的成功经验，其实很难复制。但你的失败和教训，却是最宝贵的财富。如果有机会，请勇敢尝试。不失败，不迷茫，不痛苦，不煎熬，就没有真正属于你的智慧。

选择不做什么，比选择做什么更重要

股神巴菲特说过："时间是杰出人士的朋友，平庸人士的敌人。"合理高效地使用时间，至关重要。

那么，为什么有些人总是陷入忙乱，老是觉得时间不够用？因为他们没有掌握科学使用时间的方法。

凡事都要讲方法。有方法，则事半功倍。没方法，则徒劳无功。

在这一课里，我将教你一个简单有效的方法。一旦学会，终生受用无穷。

其实，只要你懂得选择什么事情应该做，什么事情不应该做，分清轻重缓急，你就会发现，成为一个高效能人士，其实并不难。

如果你还能掌握一些技巧，摆脱时间黑洞，学会利用好碎片时间，掌握多任务切换，工作就如虎添翼，人生也会变得有序而高效。

有人说，上天不公平，条条大路通罗马，可是有人一出生就在罗马。其实，上天不公平，也最公平，因为无论是富豪还是穷光蛋，它给每个人都是一天 24 个小时，1440 分钟。如何利用好这些时间，决定了你是比尔·盖茨，还是为生存劳心奔波的平凡人。

曾经，有一个做艺术展览的朋友向我咨询一个问题。

他的公司开了三年了，为什么每年从头忙到尾，收入只有一百多万元。这种业绩，跟他的资源和投入是不匹配的，甚至还不如一些小公司。他为此很是纳闷。

我和他简单交流了下，发现了问题的所在：这位朋友只要是活儿都接。

我问他原因。他觉得作为新公司，还没到挑活儿做的阶段。而且，本着和气生财的原则，也不好有活儿不接。

我给了他 个建议：从此以后，**你只做一箭双雕甚至多雕的事情**。

如今，两年过去了。前不久，朋友在微信上告诉我，今年公司的收入已经翻了两番了。

那么，什么是一箭多雕？简单来说，就是你做事情，不能只单纯解决一个问题，你必须要留心和注意相关的方方面面。只有这样，你才能做一件事，受多种益。

这一点，用一个热门的网络故事可以说清楚。

有一个很优秀的女孩子，名牌大学毕业，通过层层选拔，应聘上了总经理助理。然而，她的主要工作内容，就是帮总经理贴发票，完成财务报销流程。

这件事情看似简单枯燥，她却不这么认为。貌似毫无意义的票据，在她看来，记录了和公司运营有关的费用情况，是宝贵的数据。于是，她建立了一个表格，把所有总经理报销的数据按照时间、地点、数额、联系人、联系方式等记录下来。这样，万一财务或者总经理想要询问相关问题，就可以马上告诉他们结果。

后来，这张表格越做越详细。通过数据统计，这个女助理渐渐发现了一些总经理举行商务活动的规律，比如，举办某种类型的商务活动，需要请什么样的嘉宾，在什么样的场所举办，大概需要多少费用，等等。

慢慢地，总经理发现，每次安排给女助理的事情，她都能处理得很妥当，往往能超出他的期待。有一次，总经理忍不住就问了女助理原因。女助理就把自己的工作方法告诉了他。总经理从此对女助理刮目相看，两个人配合得也越来越默契。

后来，公司要去上海开设分公司，缺少一个分公司负责人。总经理第一个想到了女助理。为女助理饯行的时候，总经理告诉她，你是我用过的最好的助理。

在职业生涯中，你很难预料未来会发生什么变化，你唯一能做的是，养成良好的工作习惯和思维方式，做好承担重任的准备。如果你总是做兵来将挡，水来土掩的工作，大概也只能一直帮人贴发票了。当你掌握了一箭多雕的思维，日益积累，那么，你会发现，你的人生道路越来越宽，人们也都越来越愿意和你合作，给你机会。

很多人经常感觉时间不够用，想学习时间管理，从而"合理利用时间"。其实，所谓时间管理，其本质就是管理你的精力。毕竟，比起时间，一个人的精力更为有限。简单来说，"合理利用时间"

就是选择去做正确的事，把时间花在值得做的事情上。乔布斯就说过："人生中最重要的决定，不是你要做什么，而是你不能做什么。真正的专注，并不是把精力放在必须重视的事情上，而是要对另外100个好主意说'不'。"所以，选择不做什么，比选择做什么更重要。

怎么判断一件事情是否值得做？

在分析一件事情值不值得去做、花多少精力去做的时候，可以用两个标准来评估：

第一个标准就是，做这件事情，能不能让我感到快乐，是否有价值。这个价值，可以是身体层面的，可以是心理层面的，也可以是物质层面的。当然，凡事都有价值。所以我们以价值高低来区分。让你觉得身心愉快或者爽的就是高价值的事情，反之则是低价值的事情。

第二个标准就是，价值的影响力，能不能对你产生深刻久远的影响，这可以称之为积累。有积累的事情，能够影响你一生。没有积累的事情，只能影响你一时。比如，学会游泳，既能够让人得到乐趣，又是一门基本技能，能够让你一生受益，这就属于有积累的事情。喝一瓶冷藏的可乐，能解一时之渴，却对以后没有什么帮助，这就是没有积累的事情。

以此类推，我们生活、学习和工作中的大多数事情都可以从这两个角度来衡量，由此便可得到由这两个角度组合成的四类事件：

高价值、有积累的事情：掌握一门好玩又实用的技能；学会一种有效的思维技巧；与良师益友进行深度谈话；找到心灵伴侣或者一生挚友；一笔高明的投资。这些事情，既让你感觉愉悦，又能让你从中长久受益。

高价值、无积累的事情：在群里和人闲聊天；看完一部网络小说；吃一顿美食；参加偶像的演唱会；追喜欢的美剧。这些事情让你感觉很爽，从长期来看，却不会留下什么印象。

低价值、有积累的事情：进行一场商务谈判；坚持每天跑步；读一本晦涩难懂的经典图书；处理工作中的纠纷。这些事情虽然做起来不会太惬意，但对你的未来大有裨益。

低价值、无积累的事情：看娱乐八卦；漫无目的地刷朋友圈；无聊地等待和发呆。这些事情不会让你高兴，只会消耗你的时间。

所以，要管理好你的时间或者精力。最要紧的就是要对你的事务区别对待，少做没有积累的事情。

然而，在平常的生活中，大多数人做得最多的，正是高价值、无积累的事情，其次就是低价值、无积累的事情。有积累的两种事情，反而是我们做得最少的。毕竟，人都是有惰性的，有积累的事情，大多数都和"枯燥""单调""费时间"挂钩。

长此以往，我们就陷入了一种困境，个人成长停滞，事业迟迟不见起色。而这个问题的根源，就在于你没有选择好要做的事情。你也许每天都很忙，但你是漫无目的的忙，每天都在重复同样的生活，个人毫无长进。你也许每天都过得很惬意，但过得太舒服的人，自然也就无缘成长了。毕竟，成长是一件不太舒服的事情。

如果你坚持做有积累的事情，人生就会大不一样。因为，它产生的效果是可以叠加的。从短期来看，收益微乎其微，甚至完全看不到效果。但通过长期积累，最终必然能够促成化学反应，成为你人生道路上的坚定基石。

就拿练字来说，你每天就练一个字，虽然刚开始写得歪歪扭扭，但坚持几年之后你便会发现，不知不觉中，你已经练得一手好字。

那么，有积累的事情有什么标准？很简单，对以下几个方面有帮助的就符合要求：

第一，积累知识；

第二，掌握技能；

第三，有益健康；

第四，思维提升；

第五，增长阅历；

……

当然，这个标准还有很多条目，具体还要大家根据自己的人生目标在实际生活中慢慢摸索和调整。

有了这个标准，希望大家能够敢于迈出第一步，做自己真正该做的事情。只有这样，你才能成为时间的主宰，不断获得成长和提升。

除了要做一箭多雕的事情和要多做有积累的事情，还有一点也很重要：就是一定要及时总结归纳，把好的经验流程化，最终形成习惯。

我们吃过的亏，我们的成功经验，一定要及时归纳总结，并时刻牢记。错误的经验，要避免再犯错误，以后如何纠正；正确的经验，要考虑如何优化，形成流程。久而久之，这些经验会慢慢形成习惯，习惯成自然，最终成为你的本能。本能和直觉层面的东西，才是决定你人生发展的关键因素。

在很多人看来，学习是一件很严肃的事情。必须要在安静舒适的环境里，正襟危坐，打开学习工具，一本正经地学习。其实，学习并不是一件很隆重的事情。我们完全可以利用碎片时间，随时随地学习。这也是人们在未来社会中一项很重要的必备技能。

有人和我抱怨，自己的时间太碎片化，没有大段、完整的时间用于学习。虽然觉得浪费时间很可惜，但是自己不知道如何利用好这些碎片化时间。

要解决这个问题也简单。要利用好碎片化时间，你首先要遵循这几个原则：

一、目的要单一，最好一次只做一件事

如果你列出来一堆事情，记单词、看TED、写总结、看书，那么，结果往往是，你什么都干不了。

二、考虑使用环境

如果你想带一本书在早晚高峰的地铁上看，那明显是不现实的，书根本就掏不出来。坐在公交车上看电子书，也是不太妥当的。因为公交车会晃动，在车上看电子书，不但对视力不好，而且很容易头晕，看不了多久，就无法坚持下去。

三、尽量选用干扰少、简单的学习工具

一般来说，不建议使用手机，因为干扰太多了。一会儿接电话，一会儿回微信，一会儿看下淘宝，一会儿刷下朋友圈，最后什么都没做。如果要使用手机，建议关掉网络。

四、最好随身带一个包，多带上几种学习工具

这样，可以根据不同的场景，在不同的工具之间切换。比如，你在地铁上，你可以用 MP3 听有声读物；在等人的间隙，可以用记事本写 PPT 大纲。

五、通过耳朵学习

我们的碎片时间，主要是通勤和走路。目前看来，我认为，最佳的利用方式便是听音频节目。你可以学外语，可以听公开课，也可以听付费节目，还可以听有声读物。

对碎片化时间的利用，比较进阶的做法是灵活调整碎片化的时间，通过调整，变成一块整的时间。你可以把一些零碎的工作放在一起做，而不是分散在每一天几个不同时间段，这样就不会切割你的时间。当然，严肃的阅读和重要、深入的思考还是适合在整段时间来做。太零碎的时间，最好用来处理生活琐事和一些不太费脑子又必须要做的事情，以及不太重要的事情。做这些事情的时候，对大脑其实也是一种放松。

如果目标明确，并且能够长期坚持的话，相信最后产生的效果会让你大吃一惊。你会发现，不但效率大大提升，而且也不会感觉每天疲于奔命了。

如今，大家都把目标放在了赚钱上，恨不得 24 个小时都用来赚钱，一心赚大钱。每天忙忙碌碌，顾不上休息，健身和家庭更是无暇顾及。这些人都觉得自己很忙。然而，他们真的有那么忙吗？确实忙，很多人都没时间坐下来好好享受一日三餐。但他们的忙碌有效率吗？

未必。

我通过观察，发现很少有人注意到注意力的重要性。其实，时间比钱重要，专注比时间重要。

注意力是否足够专注，直接关系到我们对这个世界的体验，与我们的幸福感也紧密相连——注意力最集中的时候，往往效率也是最高的。

所谓奇迹，就是一门心思做一件事，不受外界干扰，不理会任何既成事实和所谓的经验、规律，心里想着一定要做到，然后就做成了。这就是奇迹。奇迹就是极少数人做出来的让大多数人赞叹的事。奇迹就是大多数人从来想不到要去做的事。

然而，很多人，平时的注意力是涣散的，如同陷入了时间的黑洞。

和家人朋友吃饭的时候，他们永远都在玩手机。

别人说话的时候，他心不在焉，还是在玩手机。

开会讨论的时候，思想开小差，没有用心听别人在说什么。

工作的时候，这个论坛逛逛，那个群里聊聊，看看八卦，扯扯淡。

如果是在和客户沟通，那也无可厚非。事实上，并非如此。他们只是在各个 APP 之间随意切换，这里点点，那里看看，最后自己都不知道自己干了些什么。

这种情况是非常可怕的，在我们的生活中也非常常见。大量的时间和精力就这样被浪费了。

所以，大家不妨自我比对一下，检查自己的时间黑洞，然后设法一一补上。毕竟，一个千疮百孔的池塘是存不住水的。

　　最后，关于时间管理，还有一个技能是必须学会的。那就是学会多任务切换，切忌长时间陷入一个问题中。

　　最耗费精力的，往往是一些长时间投入却没有起色的事情。劳心费力，得不偿失。

　　一旦你长时间地做一件事情，却没有任何进展，应该果断暂停，投入到其他事务中去。

　　这个技能基本是出色的企业家必备的能力。一定要学会多任务多线进行，这样才能避免浪费时间，合理分配好精力。

不要因为自己是女人就止步不前

今年回家过年的时候，和几个老同学聚了聚。聊得火热的时候，有个同学问我："你还记得我们班的林然吗？"

我说，当然记得，我们班上的第一号学霸啊。

在同学们七嘴八舌的补充下，我大概清楚了林然大学毕业之后的人生轨迹。

林然大学毕业后，去了北京一家很不错的外企。工作几年后，顺风顺水的她，被家人硬是叫回了长沙，当了公务员。后来，没多久就结婚生子，过起了平淡却也滋润的小日子。去年，林然还生了二胎。

从同学的朋友圈里，我看到了林然现在的模样。曾经那个意气风发、独立向上的学霸，如今已经变成了一个憔悴的晒娃狂魔，满脸疲惫。我有点心疼，为她感到深深的惋惜。

一个同学说："你们有没有觉得，我们身边大部分的女生，生了孩子以后，感觉一辈子就这样了？"

我们几个人默默地点了点头。

余华说："为了不让真理的路上人满为患，命运让大多数人迷失。

然而，女性是最容易丧失自我的，先是为了爱情，然后为了家庭。"

为了让你在多年以后不后悔，为了让你的人生少一点迷茫。你就应该勇敢地向前一步，追求人生和职业的更大发展，成为更好的自己。你，值得拥有更好的人生。

我们终其一生，通宵熬夜、充电学习、经营人脉、规划人生……种种努力，其实只是为了做一件事：不要让自己在这洪流当中，落后于自己这个阶段应该成为的自己。更不要因为自己是女生，就放弃努力。

作为全球最成功的女性之一，Facebook 首席运营官谢丽尔·桑德伯格自 1991 年从哈佛大学毕业以后，发现了一个很沮丧的现象。

在她从事的初级工作中，同事的性别比例比较均衡。越往上走，身边的女同事就越来越少，最终，她成为了房间里唯一的女性。几乎每个行业里的情况都是如此。我认为这是对女性的传统歧视所造成的结果。公认的"玻璃天花板"开始破裂，成为唯一的女性高管后，她遇到了很多让人难堪却有意思的状况。

因为 Facebook 的首席财务官突然离职，桑德伯格不得不参与融资工作。有一次，她和同事飞往纽约，接触和游说私募公司。会议的地点非常高大上，落地窗外面就是曼哈顿的美景。中途休息的时候，桑德伯格询问对方，女士洗手间在哪里。对方很茫然地盯着她，有点不知所措。桑德伯格就问他："你在这儿工作多长时间了？"

对方回答："一年。"

"难道我是一年中来到这里谈生意的唯一一个女性吗？"

"我想是的。"

由此可见，女性高管稀缺到了什么地步。

后来，桑德伯格在 Facebook 为美国财政部长盖特纳主持过一次会议，邀请了 15 位来自硅谷的高管共进早餐，讨论经济问题。

早上的时候，盖特纳财政部长带着 4 名下属抵达会场，都是女性。他们在 Facebook 的会议室里就餐。

人到齐之后，大家开始随意选取自助餐。参与会议的客人大多数是男性，他们拿了食物后，就纷纷坐到了最大的会议桌前。财政部长的下属最后取餐，然后在房间的角落里坐下。桑德伯格向她们招手示意，让她们坐到桌前来。她们犹豫半天，还是留在原来的座位上没有动。

这四位女性完全有权利参与会议，但对座位的选择却让她们看上去更喜欢旁观而非参与。桑德伯格觉得自己应该说点儿什么。会后，她把这四位女性拉到一边，告诉她们，即便没有受到邀请，她们也应该坐到桌子前来。听完这些话，起初她们有些惊讶，随后就表示认同了。

对桑德伯格来说，这是一个转折点。就在这一刻，她目睹了存在于女性内心的障碍；就在这一刻，她意识到除了习俗等外在障碍，女性还面临着内心的斗争。她虽然为女性会做出这样的选择而感到泄气，但她也深深理解她们做出这种选择的深刻原因。

2003 年，美国学者做过一项测试男女两性职场感受差异的试验。研究者拿出两份企业家资料给两组学生看，一份是女企业家海蒂·罗伊森的真实经历，描述了海蒂怎样通过"爽直的个性和人脉"，成为一位知名企业家；另一份资料，将主人公名字从"海蒂"变成男性"霍华德"，其他内容不变。结果所有学生都认为，"海蒂"和"霍华德"都很有能力，但他们更想与"霍华德"共事。在他们看来，"海蒂"强硬自私，他们不想雇用这样的人，也不想为之工作。

这个试验在一定程度上反映了某种真实的情况。人们对男性和女性的认识存在双重标准。

如今，是一个提倡男女平等的时代，很多女性开始在职场上实现人生的价值，撑起了半边天。但是，职场女性很多，女性领导者却很少。是什么原因导致的？为什么女性不愿意上前一步，勇敢地坐到桌子边上？在《向前一步》这本书里，桑德伯格写道，女性不敢向前一步最重要的原因，是没有克服内在的障碍。

虽然在职场中，女性同样优秀，但社会对职场女性的看法带有一些偏见！当一个女生坐上管理者的位置时，她很容易被贴上"喜欢指使人""强硬""刻薄""不好合作"等标签。而且，在人们的心目中，成功的女性基本等同于冷酷的女强人！在种种社会氛围的影响下，导致职场女性丧失了进取心！

另外，由于缺乏自信，女性不敢争取表达的机会。当向前一步的机会来临的时候，女性总会或多或少地退缩。于是，女性只有降低对自己取得的成就的期望值，继续包揽家务，照顾家庭，甚至为了孩子在事业上做出妥协。与男同事相比，她们不太渴望获得高层管理职位。

这导致女性在职业发展中处于一个两难的境地。2011年，麦肯锡的一项报告指出，男性的晋升基于其自身的潜力，而女性的晋升则是基于其已获得的成就。作为一名女性，不但每天都要与自身性格中的不安、自卑和内疚做斗争，还要面临时时处处存在的社会和周遭的压力。所以，女性需要花更大的精力来证明自己。

另外，多数女性缺乏成为领导者的一些特质。

敢于冒险和自我表现，是高级职位需要的特质，然而人们并不鼓励女孩们表现这样的特质。相对来说，女孩更容易给自己设界限，缺少冒险精神。这跟早期教育中，对女孩更强调规矩，没有保护好她的好奇心和探索精神有关。

人们对男性抱有职业成就方面的期待，对女性的期待则是可有可无。更糟糕的是，说一个女人很有抱负，在我们的文化里并不是一句赞美之言。积极进取、作风强硬的女性，似乎背离了这个社会的主流。男性的进取、强大、成功，会受到人们的称赞，而发生在女性身上时，她收获的却是否定和不解，仿佛她是一个怪物。这意味着，女性在获得成就的同时，要付出更大的代价。

在这种看法影响下，女性多数在职业发展上没有什么野心，也不够自信。所以，当我向女下属传达升职的消息时，得到的并非都是欣然同意。很多人不是怀疑自己做不好，就是担心责任更重大之后，无法兼顾家庭。

其实，相对于男性，女性的倾听、沟通能力和对事物整体的理解力都要强一些，这些都是职场中的优秀素质。女性如果一直成长，真正的优势在三十岁之后。那时，女性已经变得成熟，正是事业的黄金期。努力了二十多年，却在将要收获的时候放弃，实在是让人痛心的事情。

除此之外，女性太在意他人的评价。

女性天生比较在意人际关系的和谐。所以，女人对于他人的评价这件事非常看重。这一点，桑德伯格深有感触。

对于 Facebook 这样一个以理工男为主的互联网公司来说，女性高管是个异类。当桑德伯格刚来 Facebook 时，听到了不少负面的言论。比如"她会彻底毁了 Facebook"。为此，她大哭了一场。

但是，在设想了所有可能的反驳之后，她发现最好的回应就是无视它们，好好工作。

几个月后，桑德伯格与扎克伯格进行了第一次正式的工作总结。扎克伯格向她提出建议，想让每个人都喜欢的想法会阻碍她的发展。当想要让事情有所改变时，你不可能取悦每个人；而如果去取悦每个人，你就不会获得充分进步。

作为女性，怎么做才能追随自己的内心，勇敢地向前一步，从而提升自己的价值？

一、倾听你内心的声音，找到自己的目标

女性之所以没有勇气放开脚步追求自己的梦想，更多是出于内在的恐惧与不自信。

在电影《海蒂》中，小女孩海蒂问奶奶："大家都笑我，因为我想写故事。"

奶奶告诉她："那是因为大家知道的太少，而你看过更大的世界。如果你觉得这个世界有哪些东西会让你快乐，就去做，不管别人说什么。"

当你想要追随自己内心的声音，总是能听到一些质疑、不屑甚至是讥笑，然后我们害怕了，收回想要迈出去的脚步。

这时候，不如少听他人的建议，多倾听内心的声音，试着问自己想要什么。桑德伯格的建议，我觉得很实用：害怕冒险时，试着问自己"如果没有恐惧，我会做什么？然后，放手去完成。完成比完美更重要"。

二、打破对安全感的迷信

安全感，对于女人来说至关重要。在安全感的驱使下，女人往往更保守，更追求稳定，更喜欢依赖别人。但是，你要明白，把安全感寄托在别处，都是不安全的。强大的自己才是最好的依靠，有趣的内心才是最佳的伴侣。当你强大到无所畏惧的时候，你会发现，所谓的安全感已经并不重要了。

三、向前一步，敢于表现自己，勇于争取机会

在周围人的观念中，似乎女性最终就是要回归家庭的，不管学历多高，能力多大，多么要强，多么不甘不愿。家庭不幸福的女人，哪怕事业再成功，也是失败的。所以，我们一直被灌输着，女人就要找个好人家，平平淡淡地过一生。这个世界有无限可能，但是不要因为自己是女人就退缩。

有媒体问美国思科公司的首席技术官沃伦女士："你从过去所犯错误中，学到的最重要的教训是什么？"

她回答说："当我刚起步时，我拒绝过很多机会，因为当时我想，我还胜任不了这项工作，或者，我对这个领域还不了解。现在回想起来，在某个特定时期，迅速学习并做出成绩的能力才是最重要的。

如今我常跟人提到，当寻找你的下一个目标时，其实没有所谓的完全合适的时机。你得主动抓住机会，创造一个适合自己的时机，而不是一味地拒绝。"

这一点我深有体会。一般情况下，当我宣布有新的空缺职位或是新项目时，男性员工都一个个来敲我办公室的门，毛遂自荐，而大多数女性员工则不会这样做。

放弃自己最常见的方式，就是认为自己毫无力量。所以，当机会来临时，不要说"我可以吗？"要说"我可以！"

四、让另一半成为你的人生搭档

大部分的职场女性都面临一个问题，如何兼顾事业和家庭？

家庭，是需要夫妻两个人共同经营的。女人要向前一步，离不开另一半的支持。

据统计，世界500强企业的28位女性首席执行官里，有26位已婚，1位离异，只有1位未婚。她们中很多人都说过，"要是没有丈夫的支持，比如帮着照顾孩子、处理家庭琐事以及为了我的事业而迁居等，我就不会成功"。相关研究证明，丈夫多做家务，妻子就不会那么抑郁，两人的冲突也会减少，对婚姻生活的满意度自然会提高。

最终，我送你几句话：不要害怕为了追寻梦想而头破血流，不要因为担心未知的旅程而止步不前。这个世界上没有不委屈的工作，但是做自己想做的事情，内心都是飞扬的。

不妨向前一步，拥抱风险，体悟未知的快乐。

我们为什么要努力

坐出租车，需要目的地；航船出发，需要方向；射箭，不能没有箭靶。努力，自然也需要明白它的意义。

一直以来，我比谁都更相信努力的意义。

在这残酷的世界里，我们能够依靠的唯有努力。努力，就能看到更大的世界，见证更美的风景，吃到更美味的食物，获得更大的成就感，成就更好的自己。并且不会在回首往事的时候，内心充满悔恨。

这个简单的道理，有很多人并不明白。

我们为什么要努力？

大神学霸那么多，平凡如我，努力是不是没有意义？

从命运的角度来看，我们为什么要努力？

我们努力是为了什么？

很多年前，当我还是一个文艺青年的时候，看到过一个广为流传的故事。

有一个富翁去海边度假，看到一个穷渔民躺在沙滩上晒太阳。

富翁很好奇，当地盛产海鲜，这个渔民怎么躺在这里晒太阳？

他就好心建议渔民，要努力捕鱼，从而成为有钱人。

农夫就问富翁，那我成为有钱人了，又如何呢？

富翁回答，那你就可以像我一样，在海滩上晒太阳，享受生活了。

渔夫听完之后说，我现在过的不就是这种生活吗？

当时的我，初次读到这个故事时，觉得那渔民很了不起，悠闲自在，充满智慧，并在内心里淡淡地嘲笑了富翁。

后来，当我进入社会，才发现富翁的话其实还没有说完。成为有钱人后，不但可以在沙滩上晒太阳，还可以坐游艇出海游玩，享用世界各地美食，开飞机、骑马、打高尔夫球、赛车，等等。总之一句话，富翁可以在全世界任意一个沙滩晒太阳。而渔民，大概只能在这片沙滩上晒晒太阳吧。

这时候，我才知道，虽然简单生活没错，但也要相信努力的意义。放弃努力，你虽然会觉得生活很舒服，但这辈子也就只能这样了。年轻如你我，怎么能甘心一辈子在海边晒太阳。还有那么多知识没有掌握，还有那么多风景没看，还有那么多有趣的人没有邂逅，还有那么多美食没吃呢！

一言不合，就去伦敦喂鸽子，这才是你应有的人生，富足且自由。

前段时间，有一篇文章刷爆朋友圈——《真正努力过，才明白天赋的重要性》。有人在下面回复："无论我怎么努力,在大神面前都是渣渣,那我努力还有意义吗?"

其实,这个问题,我在高中的时候就已经感受到了。

当时,我们班上有个学霸,游戏玩得溜,篮球打得好,长得还帅,成绩永远是年级前三名。上清华、北大,基本上是板上钉钉的事情。

条条大路通罗马,但有人出生在罗马。有人付出 60 分的努力,就可以得到 100 分的收获;而我付出了 120 分的努力,还只能望其项背。那么,我为什么还要努力?反正拼命也上不了名牌大学,不如混一天是一天算了。

为此,我纠结了几个月。

寒假的时候,我去亲戚家里拜年的时候,和一位长辈聊天。

这位长辈说起了当年的一件往事。

当时,作为为数不多的大学生之一,长辈在单位颇受器重,没几年就升任部门主任了。当时,单位想在深圳组建一个新公司,想让长辈去当总经理。长辈没信心能在外地经营好一家公司,就拒绝了。后来,因为没人愿意去,结果单位里最不受待见的一个同事去了,没几年就做得风生水起。再过了些年,单位效益一再下滑,长辈只好办了内退,赋闲在家。

如今,回想往事,长辈后悔不已,当初应该拼一次的,反正失败了,还可以回原单位。如今,他却只能拿着微薄的退休工资,早早在家带孩子。也许,人生最痛苦的事情,不是失败,而是本来我可以。

从此,我就想通了。只要努力了,即使没有结果,也没关系。至少,回想往事的时候,不会因为当年的自己不够努力而责备自己。

毕竟，对于普通人来说，你唯一能依靠的，只有努力。

有的人努力过，但都失败了，觉得自己命不好，别人能成功，是因为命好。既然你信命运，那么我就从命运的角度来解释，为什么要努力。

按照中国古代的说法，每个人的命分三种：

第一种是正命，是指每一个人出生的时候，长寿还是短命，富贵还是贫贱，发达还是潦倒，上天早就已经注定了。

第二种是随命，是指你的行为可以改变命运。做好事，便得善报；做坏事，便有恶报。

第三种是遭命，它相当于命运中的变量，不受你的出身、先天条件或者个体的行为所影响。有的人祖上积德，虽然无恶不作，但还是能一生享福。有的人命很好，但因为身处乱世，死于非命。个人的命运，无法抵抗国运。正所谓乱世多逢遭命。王莽建立了新朝，想要打造一个新世界，却遇上了百年难遇的灾荒。这个灾荒就是遭命，直接导致了王莽的失败。

早些年，有一本曹三公子的书，书名叫《嗜血的皇冠》，讲的是光武帝刘秀的命运转折经历。刘秀的人生经历，一直让我记忆犹新。

西汉末年，当时流传着一本谶书——《赤伏符》，上面说"刘秀当为天子"。所谓"谶"，就是那些将要应验的预言和预兆。如果这个有关刘秀会成为天子的谶必将成为现实，那是否刘秀一出生就无须努力了呢？天子之位是否就注定是他的？这不就是他的正命吗？

当时，生下来就叫刘秀的人，肯定不止一个。一个叫刘歆的人，手握重兵，称霸一方，他干脆把自己的名字改成了刘秀，于是很多人认定他就是未来的天子。这岂不是真刘秀的遭命？

其实对于后来当上皇帝的光武帝刘秀来说，他并没有什么皇帝梦。他虽然是皇族，但已经沦为平民了。他九岁丧父，由叔叔抚养长大，每天在田间地头忙农活，是一个不错的庄稼汉。从性格来说，刘秀为人小心谨慎，显得有些胆小怕事。

他和皇帝，实在相差太远，看起来完全不沾边。

幸好，刘秀身处乱世，正命中应该当皇帝，随命和遭命也将他推向了皇帝的宝座。

因为被哥哥牵连，刘秀被迫加入了绿林军。当时，刘秀是跟着哥哥混的，在绿林军中地位不高。然而，命运之手又推了他一把。

绿林军拥戴汉朝宗室刘玄为皇帝，王莽便派出了最精锐的嫡系部队，42 万大军，号称百万，前去镇压绿林军。很快，新朝军队兵临刘秀所在的昆阳城，围了个水泄不通。

新朝军队久攻不下，万分恼火，扬言攻破城池之后要屠城。昆阳城里只有不到 1 万守军，也快要顶不住了。

事已至此，只有破釜沉舟，拼死一战了。刘秀率领 12 名勇士，晚上偷偷溜出昆阳城，召集援军火速回援。刘秀带了 3000 人的敢死队，趁着夜色，骑马冲向新朝军队。此时，忽然狂风骤起，乌云密布，正好为绿林军提供了掩护。

刘秀带着 3000 骑兵朝着新朝军队大营冲杀过去，嘴里高喊着："新朝败了，新朝败了！"这时，天空中下起了瓢泼大雨，在闪电和狂风的配合下，这不要命的三千虎狼之师如同恶鬼天神，潮水般涌来。

新朝大军被打了一个措手不及。犹如平静的湖面被投入了一颗石子，恐怖如同波纹一般扩散开来，新朝士兵纷纷逃窜，人推人，人踩人，丢盔弃甲，溃不成军。这时，老天爷也开始发威，狂风暴雨肆虐，洪水泛滥，淹死了数万败逃兵马。最后，新朝42万大军，只有几千人逃回了洛阳。

昆阳一战，让刘秀声名远播，人们认定预言说的就是此刘秀，纷纷前去投靠。仅仅两年时间，刘秀如愿以偿当上了皇帝，也就是东汉光武帝。

这3000人对抗42万人的故事充分说明，一个人要成名，就是几个小时的事，一个人真有当皇帝的命，就是两三年的事。凡事讲究天时、地利、人和，曹操没这个命，所以奋斗几十年也是徒劳。刘秀有这个正命，虽碰上刘歆等种种遭命，最后通过后天努力以随命成事。

一个从来没想过当皇帝的人，最后通过努力，终于成了皇帝。真是三分天注定，七分靠打拼。对于我们每一个当下还好好活着的人来说，刘秀的这个故事最大的意义是："天子"且需努力，大丈夫当自强以不息！

这也说明了，即使你的正命是天子，但是你若不努力经营随命，那么，遭命随时都有可能让你翻盘。反之，当你全情投入，博上一切的时候，用互联网思维来说，就是all in，上天都会帮你。

有人说，很多时候，努力并不能得到相应的回报，为什么还要努力？

我的回答是——奇迹，这是努力的另一个名字。能改变一切的，只有你自己。每当你努力一次，你便离理想近了一步。

从宇宙的角度来看，时间无限，空间也是无限的，无穷无尽。然而，宇宙中的物质相对来说是有限的，每一天都有无数星球消亡。相对于浩渺的宇宙，生活在地球上的人类显得无比渺小，不过是沧海一粟。一生短短数十年，不过是弹指一挥间。

那么，人生是否没有意义？我们又为什么要努力？

为了搞清楚这个问题，我们首先来做一个有意思的测试。

我们先假设，一只不会死的大猩猩，在一台永远正常运转的电脑前一直胡乱打字。如果时间无限，它可以永远地敲下去，那么有没有可能敲出一部《莎士比亚全集》？

大多数朋友会说"不会"，也有很多朋友会和我一样回答"会"。

为什么不会呢？因为这个希望实在太过渺茫。

为什么会呢？因为只要有这个可能性，一定就会发生。

《莎士比亚全集》共有 800 多万个英文单词，虽然这个数字很庞大，但再大的数字都是有限的，键盘上的按键那更是有限的。从概率学的角度来计算，大猩猩敲出《莎士比亚全集》的概率是存在的。虽然概率很低，但在时间无限的前提下，是确实成立的。

所以，从宇宙的维度来看，人生无意义，人的行为更没有意义。但是对于个人来说，你的所作所为是有意义的，甚至可以创造出奇迹。那么，努力活着，活得丰盈和充实，不辜负每一段生命，就是造物主的旨意所在。

要记得，所有的成就后面都是一堵堵看不见的高墙，所有的努力背后都是一次次别人看不见的坚持。再强大的困难，也会败在行动力和坚持面前的。如果你问我时光和努力到底有什么意义，那么变成更好的独一无二的自己，便是时光和努力的全部意义。

我们为什么而努力？

谢霆锋在他的儿子 Lucas 过周岁生日的时候说过一句话："I fight, so you don't have to." 意思就是，我努力奋斗，这样你就不用了。

我想，这也是我努力的原因——为了让你爱的人不用那么辛苦，给他们更好的生活。

我不想，给不了孩子幸福快乐的童年，让他因为买不起喜欢的玩具而哭泣。

我不想，父母老去的时候，无法让他们安享晚年。

我不想，当我遇见喜欢的女生的时候，因为自己不够优秀，自卑得不敢接近她。

我不想，在同学聚会上，仰望和奉承他人。

生活，就是一场场的战斗。作为战士，你必须拿起武器，去战斗，去拼搏，一刻都不能松懈。否则，一个疏忽，一场疾病，一场灾难，也许就会给你的记忆打下一颗痛苦的钢钉。你只有变得更强，变得更优秀，才能在这场战斗中活下来，保护好你爱的人。

这样，你不但可以看到更大的世界，还可以发现更好的自己。

比利时《老人》杂志曾在全国范围内对 60 岁以上的老人开展了一次题为"你最后悔什么"的专题调查活动。调查结果很有意思：

72％的老人后悔年轻时努力不够，以致事业无成；

67％的老人后悔年轻时错误地选择了职业；

63％的老人后悔对子女教育不够或方法不当；

58％的老人后悔锻炼身体不足；

47％的老人后悔对双亲尽孝不够；

41％的老人后悔选错了终身伴侣。

60 岁的人，经历了人生的风风雨雨，对自己的一生能够做出较为客观公正的判断。这些对于回首往事的老人虽然是终身遗憾，但对于年轻人来说，却是比什么都珍贵的。

要想人生没有遗憾，不如就从现在开始努力！

放弃是一门艺术：放弃与坚持同等重要

在生活中，你会因为没做一件事后悔，还是因为做了后悔？

假如一个人手里有100万资金，一直没买房，如果前几年用这笔钱买一套房，如今价值300万；还有一个人，提前把手里的房卖了，结果只赚了100万。现在，这两个人手里都有100万。

请问，哪一个更后悔？

这个问题讲的就是决策和放弃的问题。

很多时候，我们做选择，其实是为了不想遇到什么事，而不是为了得到什么。

有时候，为了得到一些东西，我们必须放弃一些东西。

有时候，我们必须通过放弃控制，来获得控制。

有时候，我们需要排除一些错误的选项，让决定更正确，精力更专注。

畅销书作家佩格·斯特里普和心理治疗师艾伦·伯恩斯坦通过研究发现，一味地坚持并不一定能解决问题或取得成功。为了让人生的意义得到完全呈现，我们必须要掌握放弃的艺术。

在我们的文化里，人们喜欢坚持，因为坚持代表了一种顽强不屈的毅力，推动人们走向成功。相对应的，放弃是一件懦弱可耻的事情，它常常意味着缺乏毅力、半途而废、失败。

殊不知，很多时候，只有果断放弃才是明智之举。

许多人买菜的时候，看见有新鲜水灵的蔬菜，往往会买很多回家。但是回到家，看到冰箱里还有很多剩菜，就把刚买的菜放进了冰箱，吃剩菜。这样日复一日，人们总是每天买新鲜蔬菜，却很少吃到新鲜菜。

每次整理家庭药箱，看着一堆药因为过期而不得不扔掉的时候，心里总是舍不得，觉得很遗憾。其实，药没用过期了，那说明全家健康，这明明是大好事啊。为什么不把每一次清理药箱当成高兴的事呢？

生活中这样的例子还有很多。这说明，很多人观念还没有放开。

"放弃"和"坚持"这两种能力，对于我们能否过上幸福的生活具有同等的价值。畅销书作家佩格·斯特里普和心理治疗师艾伦·伯恩斯坦在《放弃的艺术》一书中指出："一味地坚持，并不一定能解决问题或取得成功。我们的大脑已经习惯了不放弃，这种对坚持的依赖限制了我们的视野，使我们在看待很多重要的事情时目光狭隘。"

美国心理学家格雷戈里·米勒的研究表明，与那些"顽强的人"（固执地追求不可能实现目标的人）相比，"轻言放弃的人"（懂得适时放弃的人）更易投入并完成新的目标。

学会放弃，可以应用于各种人生目标的设定和达成，涉及工作、人际关系和感情等多个方面。

第一，除了从失败中汲取教训外，最终达成目标的人还有更多事情要做。他们必须彻底放弃无法实现的目标。放弃促进了成长和学习，提升了我们构建新目标的能力。

第二，放弃让我们的思想得以解脱，心灵得到释放并提高拟定新目标的能力。缺乏放弃的能力，会让我们陷入令人沮丧的死循环而不能自拔。

第三，最成功和最幸福的人知道何时应该坚持，何时应该放弃。

第四，当目标无法达成时，当你遭遇难题时，放弃是一种健康、睿智和有效的行为。

第五，学会放弃，能够帮助你排除掉错误的或者你不想要的选项。

碰到强敌时，章鱼舍弃自己的腕足，才能保全自己的性命。遇上天敌时，蜥蜴只有断弃自己的尾巴才能死里逃生。小蝌蚪之所以长成了青蛙，是因为它舍弃了一条漂亮的尾巴。投资的时候，只有勇于止损，才不会全军覆没。

有一句很经典的话：当你紧握双手，里面什么也没有，当你打开双手，世界就在你手中。了解放弃的艺术，才算领悟了生活的真谛。

我们为什么不愿意放弃？

在生活中，我们经常听到这样的问题。

我不太喜欢现在的工作，我该不该放弃现在的工作，去追求自己的梦想？

我觉得男朋友不够爱我，我要不要离开他？

这只股票放在手里很久了，一直没有起色，要不要抛了？

……

这些问题都有一个特点：答案其实早就在你心里了。你之所以纠结，是因为你不愿意放弃。

那么，人们为什么愿意苦苦坚持，而不是果断放弃呢？

一、总是以为胜利就在眼前

人们总是对自己的能力估计过高。任何人都会觉得胜利在望，我只要努力一点点就能搞定了。比如隔着玻璃窗就能看到的奢侈品，梦想近在咫尺，触手可及，让你产生了一种马上就能拥有的错觉。比如抓娃娃机，每次都是晃晃悠悠，在最后关头才掉下去，让你心存侥幸，总觉得下一把一定能成功。有些人因为没有及时止损，导致巨额亏损，就是这个原因。明明市场已经很不好了，还在幻想好转，从而错过了最佳时机。

二、沉没成本

有一个经济学概念叫沉没成本。当你对一个东西投入越来越多的时候，你就容易陷入明知应放弃却舍不得的境地，从而越陷越深。有些人有了孩子以后，不愿意离婚，就是因为投入太多，沉没成本很高。

三、厌恶损失心理

我们的人性中就有厌恶损失的基因，我们不喜欢失去，不喜欢损失。人们可以不要一个东西，但一旦拥有了，就不愿意再失去。

四、难以走出舒适区

心理学将学习分为三个区域：舒适区、学习区和恐慌区。若一直停留在舒适区就是不进则退，人很难快速地成长。很多人的坚持，其实就是不敢走出舒适区，迈向学习区和挑战恐慌区。因为坚持已经成为了一种惯性，比起放弃，相对来说更舒服，而放弃则意味着打破舒适区，会让人很难受。

很多时候，我们以为自己最需要的是坚持，但其实我们最需要的是放弃。勇敢而正确地放弃，才会带来更好的人生。

知名作家张德芬就是在不断放弃中找到了自己的方向。

在台湾大学上学的时候，张德芬梦想成为一位主持人，可以整天和社会名流、成功人士打交道。

后来，她如愿进入了台湾电视台，成为了一名风光一时的新闻主播。她的人生目标实现了。

然而，她慢慢觉得，做一个主持人，没有生活和隐私。

她有了第二个目标，做一名外企高管，希望可以走上人生巅峰。为此，她去美国加州大学深造，拿了 MBA 学位。

她顺利达到了自己的目标，她进入了一家知名外企，成为管理层。

但是，外企工作的高压力，导致她得了抑郁症。

此时，她有了第三个目标：找一个相爱的人结婚生子，住别墅，开沃尔沃，家里有保姆，自己相夫教子，负责貌美如花。

她的目标也实现了。

结婚后，她搬到了北京郊区，做了四年的家庭主妇。

然而，时间一长，她就发现这样的生活很无趣。她回忆当时的情形时说："四年的村妇生活，所有的外在光芒淡去，内心却感觉在充电。感觉把自己拉到最低，没有企图心。"

2002年，她辞去高薪的工作，决定全力追求内在心灵的世界。在这几年学习的过程当中，张德芬变得越来越平和，越来越快乐。她开始写作，并找到了自己真正喜欢的事情。

很快，她出版了第一本书——《遇见未知的自己》，成为畅销书作家。再后来，她创办了内在空间。

很多时候，我们拼命追求的东西，未必就是你的目标。因为，我们在建立目标的时候，往往只看到有利的一面，却看不到不利的一面。直到自己难以承受，才发现自己从一开始就错了。

人生，本来就是一个过程，更是一个不断调整的过程。不断放弃，不断调整，你才有可能找到属于你的路。

我们应该如何掌握放弃的艺术？

有一个与放弃有关的心理学术语叫作目标脱离。研究表明，如果一个人无法从一个不可企及的目标中解脱出来，会让人感到很痛苦。所以，学会放弃，不但能使我们得到解脱，也拥有了开始新目标的能力。

目标脱离是一种智慧，各个层次的人都需要它，它会改变你的思想、感觉和行为。如果方法得当，放弃会促使你设定新的目标，并考虑新的可行性。

那么，我们应该如何用好放弃这门艺术呢？

一、控制念念不忘

每个人都有后悔的经历，但到底是为做过的事后悔的多，还是为没做过的事后悔的多？研究表明：短期内人们通常会对自己做过的事情后悔，但拉长时间，人们更容易为没做过的事后悔。得不到的东西，总是让人念念不忘。比如，大学的时候你喜欢一个人，对她表白了，但是失败了，短期内你会有点后悔，觉得好没面子。但是，如果你大学四年暗恋一个人，却没有告诉她，那么你将后悔一生。

我们之所以害怕放弃，有时候也是为了害怕后悔。它会带给我们一种后遗症——念念不忘。念念不忘会阻碍行动，因为它会占用你实施新计划所需的那部分脑力资源，它也会把你束缚在未达成的目标上，阻止你展望新的目标。这是蔡格尼克记忆效应导致的。

蔡格尼克记忆效应是说人们对于尚未处理完的事情，比已处理完的事情印象更加深刻。

德国心理学家蔡格尼克做了一项记忆实验。她让被试者做 22 件简单的事情，比如写下你喜欢的诗句，从 55 倒数到 17，把一些相同颜色的珠子用线穿起来，等等。完成每件事情所需要的时间都是几分钟。但是，这些事情只有一半允许做完，另一半在没有做完时就受到阻止。允许做完和不允许做完的事情出现的顺序是随机排列的。做完实验后，让被试者回忆自己做了哪 22 件事情。结果显示，未完成工作的人能回想起 68%，而已完成工作的人只能回想起 43%。也就是说，人们总会记得一些未完成的事情。这种现象就叫蔡格尼克记忆效应。

很多人有与生俱来的完成欲。要做的事一日不完结，一日不得解脱。蔡格尼克记忆效应使人走入两个极端：一个是过分强迫，做事情一定要一气呵成，不完成就不放手；另一个就是做任何事都拖沓，时常半途而废。

所以，一旦有事情没有做完，很多人总会惦记着它，影响其他工作。这是人类的天性。如果一个人非把每件事都做完不可，会导致工作和生活没有规律、人生紧张、思维狭窄。只有减弱过强的完成欲，才可以使人一边做事，一边享受人生乐趣。

你可以为自己安排一个担忧的时间，或者通过将你的想法写下来，面对它们。你也可以训练自己关注干扰因素。例如，你可以通过吃口香糖来控制自己的焦虑情绪，直到能够控制自己的思想为止。

二、培养放弃的能力

很多纠结症患者，往往把精力都用在来来回回的反复掂量上，他们很难轻易放弃一个目标或者一件事情。在这里，我可以给出一个解决方案：如果答案不是一个确定的 OK，那就是一个明确的 NO。逻辑思维说，成大事者不纠结。如果一件事情，你确定 OK，那就做，犹豫或者 NO 就不做，没有中间状态。买东西，找工作，选伴侣，都可以用这个方法来做决定。

三、积极行动，向行动导向型人格转变

人主要有两种人格，一种是行动导向型人格。这种人感觉到压力时，能够调节情绪，振作精神，马上投入到行动当中去，具有积极而明确的自我形象。

另一种是状态导向型人格，这种人感觉到压力时，容易被情绪所主导，被消极情绪淹没，对外部刺激很敏感，内心很纠结，很难做决定，这类人不容易做到目标脱离。

状态导向型人格更容易纠结犹豫，也更难放弃。所以，我们要勇于探索，让自己变得果断，勇于付出行动。记住，马上行动永远好于原地踏步。

四、不要自我表征，给自己设置限制

自我表征的含义类似于给自己贴标签、自我定位。定位狭窄，会给自我设限，让你觉得自己只能做这些事，放弃了以后不知道自己能干什么。在选择有限的情况下，人们更害怕放弃。所以，不要轻易给自己贴标签。人生，意味着无限可能。

人生就是由无数的选择题组成的试卷，既然要做选择，就必然要有放弃。虽然很多时候放弃可能会让人联想到失败，但也正是因为这一个个正确的放弃，才能够让你放下负担，奔向一条属于你自己的路。

五、对一千件事情说不，才能对一件事情说是

我有一个朋友是开公司的，他最近说的一句话让我颇有感触："最近我的主要精力，都花在了拒绝不合适的商品上。"

这句话，与最伟大的产品经理乔布斯的名言有异曲同工之妙。乔布斯说过："对一千件事情说不，才能对一件事情说是。"

只有学会拒绝，我们才能做对的事情。

拒绝别人的要求，这会带来专注；拒绝自己的欲望，这会带来自由。为了有足够的精力做自己认为重要的事情，我必须要拒绝一些事情。

第一，影响健康的食物、生活方式。身体健康是最重要的，不要放纵自己。

第二，无聊的聚会和活动。我们每个人的精力是有限的，只够去陪伴对我们来说重要的人。

第三，一些看起来很美好的工作机会。一些工作机会看起来很不错，但是和自己的核心价值观不符合，和自己的职业规划不符合。所以，一定要拒绝。

第四，便宜但是无价值的衣物，奢侈但是没必要的用品。这都与我们的财富观背道而驰。

六、形成流程，养成习惯，减少决策

在这个充满各种干扰和诱惑的世界，我们面临的选择实在太多。然而，每个人的精力都是有限的。那么，如何处理好选择和放弃的关系？很简单，尽可能地减少选择的机会。我的方案是形成流程，养成习惯，减少决策。

对于每天都必须要做的事情，不要犹豫不决，就像起床就去刷牙洗脸一样，不要想太多，形成习惯，马上去做就可以。《习惯的力量》里说，一旦养成习惯，即便是一个脑袋受损的人，都会不自觉地去做。做决策最消耗精力，应该在这方面下功夫，节省不必要的精力，这样在解决问题的时候，才会有足够的精力和意志力。

普通人依靠常识，牛人站在常识之上

因为工作的关系，我接触过一些牛人。这些牛人站在常识之上，靠着强大的学习能力和清晰的逻辑思维能力，不断地超越自我，从而在人生道路上一骑绝尘。

我不禁开始思考一个问题：牛人，到底有哪些过人之处？最核心的东西是什么？

直到我看了《第五项修炼》这本书，我才发现，牛人之所以优秀，主要与他们的"思维方式"息息相关。也就是说，思维方式成就了他们。牛人遇到问题时，他拿出的解决方案，往往不是传统方案里面最优的那个，而是思维方式完全突破维度，在可执行框架下达到颠覆一切、让人耳目一新的方法，让人为之拍腿叫好。而普通人就像在莫比乌斯环上一直往前爬的蚂蚁一样，思维受限在平面维度，无法突破自身局限。

思维方式可以化腐朽为神奇。在生活中，普通人之所以是普通人，就是因为他们很难突破自我的思维误区和局限。一旦你突破了它们，就如同打通了任督二脉，人生从此一路畅通。

在现实生活中，我们往往太习惯于自己既定的思维方式，从而得出不恰当的结论。其实，很多事情，只要换一种思维方式，我们就能冲破思维障碍。

有一次，我去参加一个会议，会上要配合PPT做一个演讲。结果，我在上场前发现翻页笔坏了。眼看就到时间了，很是让人头痛。

如果硬着头皮上的话，因为不知道翻页的时机，PPT播放很可能会出差错。而且，我习惯了手里拿着翻页笔，如果没有，心里会不自在。

和我同去的同事说，没事，你就拿着翻页笔上场，要翻页就抬起手按一下。我在电脑边上看着，看到你按了，就在电脑上同步翻页。这不就行了吗？我不说，谁能看得出来？

结果，演讲丝毫没有受影响。

如果我们按照惯性逻辑，将关注点放在翻页笔上，那么问题无法得到解决。因为，第一选择是修好翻页笔或者换新的翻页笔，时间紧迫，这显然是不可能的。

如果我们打破这种思维的维度和框架，再深入一层，就会发现，我们需要的是演讲和PPT同步。这才是问题的核心和本质。所以，问题应该更换为"如何实现演讲和PPT同步？"如此一来，答案也就很容易找到了。

所谓思维障碍，实质上就是"思维定式"和"惯性思维"。 在思考问题时，我们的切入点比较单一，看问题的角度习惯从自我的正向角度出发，然后一条路走到黑。这就是所谓的"线性思维"。

问题出在哪里呢？也就是说，为什么会有思维障碍？

第一个原因，在于原点。我们思考的时候，会自然而然地从自己的习惯出发，找到一个切入点。实际上，世界是三维的，空间是无限的，从原点出发，可以有很多种可能。

第二个原因，在过去的岁月里，人们总结了很多解决问题的套路和模式，以便高效地解决问题，慢慢形成了惯性思维。因为惯常思维基本上可以解决生活中的绝大多数问题，所以我们的大脑为了减轻内存就优化了处理程序，我们习惯于用常用的思维去解决遇到的新问题。慢慢地，其他思路就渐渐淡化，大脑也就越来越懒惰。

接触到《第五项修炼》，我不禁惊叹于这位作者睿智而缜密的思考方式。比起其他大众化的财经书，这本书最吸引我的部分，是关于思维障碍的内容。这部分内容不仅角度新颖，而且对我们每个人而言，具有莫大的实践性意义，让人深受启发。

常见的思维障碍有哪些？

一、警惕努力陷阱
有时候，越努力，问题越严重。

在乔治·奥威尔的书中，写到有一匹名叫"拳击手"的马，遇到难题时，它总是会说："我会更努力地工作。"开始时，这种愿望良好的工作态度激励了大家，但渐渐地，它的勤勉引起了微妙的反弹。它越是努力工作，结果要做的事就越多。

这种现象有个专有名词：补偿反馈。是说一些带有好意的举动介入时，会引起系统的反应，结果反而抵消了介入行动所带来的好处。若是良性循环，就加速良性循环，若是恶性循环则加速恶性循环。

这一点有点像马太效应。也就是说，你越使劲，系统的反弹力越大；你越努力，就越要求你付出更多的努力。就好比弹簧一样，你越用力按，反弹也就会越猛烈。

补偿反馈的例子不胜枚举。

为了完成 KPI 考核，部门主管不得不加班帮助新人，结果，新人一直得不到成长，主管变得越来越忙。

很多公司在某个产品突然失去市场吸引力的时候，会经历这种补偿反馈。为了挽回局面，他们开始狂热地促销，结果反而失去了更多的顾客。

所以，我们常常陷于补偿反馈之中——当最初的努力不能奏效时，我们就坚守努力工作能克服一切障碍这个信条，继续更加努力。殊不知，我们一直在蒙蔽自己，使自己无法看见，我们自己其实一直在帮助制造障碍。

一直以来，我也认为只要努力就可以获得成功，一分耕耘，一分收获是绝对的真理。但工作几年后，我意识到事实并非如此，也慢慢洞见了成功人士的秘密。

很多人会以为只要比别人多工作几个小时，比别人成功的概率就更大了。这种理念的误区在于过分强调努力的作用。其实，所谓的努力，如果不注意方向和方法，反而会起反作用。

大学的时候，我的一个室友因为打字速度太慢，老是被网友嫌弃。他看着我们和美眉谈笑风生，发誓要苦练打字。从此，网吧里多了一个苦练打字的身影。结果，练了一个学期以后，我们发现他的打字速度依然没有长进。因为，他打字的指法很独特，他只用两根食指打字，也就是传说中的一指禅。

努力是值得提倡的正能量，但是，在努力之前，我们也要跳出越努力回报越多的思维局限，重视方向和方法。只有这样，你的努力才有价值。

二、我们总是因为眼前的一点蝇头小利，而忽略了长远的大利益

我有一个哥们儿，早就喊着要戒烟，费了老大劲，花了一年的时间，好不容易戒了。结果前不久，我去找他，发现他又抽上了。我问他，怎么又抽上了？

他说，过年的时候，朋友送了几条好烟，放着不抽有点浪费。

戒烟大业，坚持一年，毁于一旦，让人为之感慨叹息。我估计，他这烟是戒不了了。

这件事，也让我明白了一个道理，凡事要正确衡量利弊，不忘初心，不能被眼前的小恩小惠迷惑。

然而，这种事情，在生活中屡见不鲜。

选择工作的时候，明明想获得更大的发展，但权衡之下，还是选择了看起来稳定的工作，或者工资高的工作，而不是自己喜欢的、有前途的工作。工作对于一个人的未来来说至关重要，为什么不能多考虑一下未来呢？

三、今天的问题，有时候来自昨天的"解决方法"

在人类系统中，人们常常不能发挥杠杆作用的潜力，找不到有效解决问题的关键，因为大家只注意自己的决策，而忽视这些决策如何影响他人。很多人本来有能力消除老是在发生的极端不稳定的局面，然而，他们没有这么做，因为他们压根儿不明白，造成这种不稳定局面的始作俑者恰恰是他们自己。

一家公司发现，上个季度的销售额突然下降了。经过调查，原来是上上个季度促销力度太大导致的，很多顾客趁机多买了一些产品。也许，这个季度的销售金额还会继续下降。作为一家初创公司，数据下滑可不是好事。然而，并没有什么好的办法，除非继续增加促销力度。

出现问题的时候，我们总是对问题的起因感到困惑，因为，我们很快便会发现，问题的源头来自我们解决的问题。其实，这只不过是在提醒我们，应该反省一下自己之前处理问题的方法。

所以，我们在思考问题的时候，要有系统和全局观念，不要解决了一个问题，继而制造了更多的问题。一定要确保，你是真正地解决了问题，而不是转移了问题。

四、打破"我就是我的职位"的局限

我们接受的教育一直在强调忠于职守，所以我们总是把自己的工作等同于自己的身份。20 世纪 80 年代初，美国一家大型钢铁公司准备为被裁员的职工提供培训，以帮助他们找新的工作。然而，事与愿违，工人们对此兴趣不大，宁愿打零工。心理学家便去调查，想找出问题的原因。结果发现，这些钢铁厂职工遭受了严重的身份认同危机。工人们说："我还能做什么呢？我就是个机修工。"

原来，他们总是把自己的责任限定在自己的职位界限之内。

当人们只关注自己的职位时，他们不但局限了自我的发展，还会缺乏责任感，因为他们只想做好自己的分内工作。

美国一家汽车公司曾经拆过一辆日本进口汽车，想知道为什么日本人能以低廉的成本做到高度的精密性和可靠性。结果他们发现，那辆车的发动机缸体上有三处都用了同一种标准的螺栓。每一处螺栓都固定了一个不同种类的部件。而在美国车上，这三处组装需要三种不同的螺栓，这使得组装工作速度更慢、成本更高。美国人为什么要用三种不同的螺栓呢？因为底特律的设计公司有三组工程师，每一组只对他们自己的部件负责。而日本汽车设计团队只有一个总设计师，整个发动机的组装程序都由他负责。讽刺的是，每一组美国工程师都认为自己的工作很成功，因为他们的螺栓和组装都一样好用。

所以，一定要打破"我就是我的职位"这种观念的束缚，你才能走得更远。

五、利用好思维的误区，也可以给你带来帮助

在营销学上有一个经典案例：

街道两边各有一家粥店，生意都很红火，客流量差不多。然而，晚上结算的时候，左边这家的销售额总是比右边那家多出不少。于是，右边的粥店的老板找了一个市场调查员来找出原因。调查员先来到右边的粥店。从进门到点餐，服务体验都很好。点完餐之后，服务员问他："加不加鸡蛋？"调查员说加。服务员便给他加了一个鸡蛋。每进来一个顾客，服务员都要问一句："加不加鸡蛋？"有说加的，也有说不加的，大概各占一半。

调查员又走进左边的粥店。服务员问他："加一个鸡蛋还是加两个鸡蛋？"调查员笑了，说："加一个。"后面进来的顾客，爱吃鸡蛋就要求加两个，不爱吃的就要求加一个。也有要求不加的，但是很少。一天下来，左边这家粥店就要比右边这家店多卖出很多个鸡蛋。

同样的粥店，同样的服务，不一样的提问方式，却赢得了不一样的价值。销售不仅仅是方法问题，更多的是对消费者心理的理解。

这在心理学上叫作"框架效应"。语言的框定，可以改变人们的认知。一个手术如果说成活率有68%，很多人就会去做。但是如果说死亡率有32%，奇怪的是愿意去做手术的人反而会减少。但从本质上来说，这两种情况是一回事。只是措辞变了一下，却得到了截然相反的答案。这就是语言的框定，这是我们在认识事物时创建的一种心理结构，通过改变措辞，我们改变了看待和理解事物的方式。所以，面对一件事，要学会用框定的技巧来强化想表达的。当面对事物的正反面特征的时候，可以利用这个技巧，改变人们的认知。

所以，如果你要约人吃饭，那么你的问题一定要具体一点。"这个周六晚上你有时间吗？"比"你什么时候有空"成功的概率更大。

《第五项修炼》的作者发现，解决问题的关键是发挥杠杆作用，往往来自新的思考方式。我们面临着无数困境和危局，而思维障碍及其所导致的后果，也仍然持续着。我深信，破除思维障碍和局限，能够成为打开局面的利器。

如何摆脱思维误区？

一、培养发散性思维

遇到问题的时候，从多个角度去解读，找到多个切入点，提前预设好多条道路，一旦一条路是死胡同，立马切换到其他道路。

比如，你组织了一个羽毛球活动微信群，每周要组织几次羽毛球活动，要从多屏聊天记录中统计出参加活动的人，成了一件很麻烦的事情。其实，这个问题通过发红包便可以轻松解决。在群里发一个红包，每个人 1 分钱，参加活动的可以领红包，即可轻松完成统计。

二、提升自己的知识储备，多体验以增加阅历

黑格尔说过，所谓常识，往往不过是时代的偏见。要超越这个时代的偏见，唯一的办法，就是阅读，阅读人类历史上最伟大的经典著作。没读过几百本经典，不足以谈思维方式。

另外，思维来自人的经历，一个人经历得越多，思维边界就越广阔，边界广阔与思维未知世界接触的机会就越多，就越容易找到自己的思维局限。

所以，多读书、多经历、多尝试，是提升思维能力的有效方式。见多识广，眼界开阔，办法自然就多了。如果阅历和知识不够，即使告诉你正确的方法，你也不会明白。

三、多与人交流，总结与反思

一个人如果要从根本上超越自己，摆脱思维的局限，就要随时跳出来审视自己。

每个人都是独特的人，看问题都会有自己的观点和看法。与他人交流，在思维层面进行碰撞，灵感有时候就自然而然地产生了。或者，聆听智者和大咖的教导，也是一个好办法。毕竟，他山之石，可以攻玉，事后再遇到类似问题时，手中就多了把利器。

有一个人十分崇拜杨绛。高中毕业前，他给杨绛写了一封长信，表达了自己对她的仰慕之情以及自己的一些人生困惑。

杨绛回信了，淡黄色的竖排红格信纸，毛笔字。除了寒暄和一些鼓励的话之外，杨绛的信里其实只写了一句话，诚恳而不客气："你的问题主要在于读书不多而想得太多。"

迄今为止，我觉得这是对包括我在内的大部分人的精神苦恼的最简洁而朴素的概括。

四、形成自己的系统性思维

大脑要不断吸收和学习新的东西，不断更新升级换代，形成自己的思维系统。如此，当你遇到问题的时候，就能高速思考，迅速地抽丝剥茧，透过现象看到本质，快速决断，从而解决问题。

我有个朋友，喜欢骑行。有一次，他和一个驴友骑自行车去郊区玩。

他们上午出发，中午到达，要往回走的时候天已经快黑了。两个人的体力已经到了崩溃的边缘，而且前不着村后不着店，也没有公交车和地铁。两个人束手无策，不知道怎么办才好，总不能慢慢推着车回去吧。

后来，朋友在路边刷手机的时候，灵机一动，打开58同城，找了个搬家公司，把他们连人带车运回了市区。

在这个故事中，你只要发现，问题的本质是如何让两个人连人带车省时省力地回到市区，问题自然也就容易解决了。

总而言之，要想成为更好的自己，完成从优秀到卓越的跨越，我们必须突破传统思维误区，更新我们对事物的认识，才有可能弯道超车，杀出重围。

第二章　　修炼篇:

自我提升的九个招式

无法掌控自己的人，不足以谈人生

为什么肥胖是一件不好的事情？我要说的，是标准答案之外的理由。

所以，当一个臃肿的身材出现在人们面前时，就等于在向他人宣告，这是一个对自己的人生失去控制的人。你的样子，透露了你的生活方式和自我要求。从这个意义上来说，你就是你看上去的样子。

所以，美国人都有一个共识，身材是阶层的标志。中层以上阶层的人大都有健身和运动的习惯，身材都很不错，而中下阶层的人肥胖率比较高，普遍身材走形。自我控制能力，会体现在你的外表上。

掌控自己的身材，进而掌控自己的人生，这需要超强的自我控制能力，也就是自控力。

在生活中，你是不是这样的人？

每天喊着早睡早起，却在床上刷了一个多小时的手机。

明明下定决心要减肥，却总是管不住自己的嘴。

经常给自己制订目标，却没有几样能坚持下来。

一直想提升工作效率，却被拖延症弄得焦头烂额。

如果你被这些问题所困扰，那么，现在就和我一起，踏上这条提升自控力的征途吧。

今天给你 1000 元，和下个月给你 2000 元，你会怎么选择？

著名的棉花糖实验，考察的就是这个问题。

1966 年，斯坦福大学沃尔特·米歇尔博士在幼儿园进行了一个关于自制力的心理学经典实验。在这个实验中，小孩子可以选择一样奖励（有时是棉花糖，也可以是曲奇饼、巧克力等），或者选择等待一段时间，直到实验者返回房间（通常为 15 分钟），得到双倍的奖励。

多数孩子忍不住诱惑，等不及 15 分钟，就吃掉了那个棉花糖。只有 30% 左右的孩子能够忍耐 15 分钟，成功吃到了两个棉花糖。

1981 年，参加实验的孩子已经进入了高中，沃尔特·米歇尔给他们的父母和老师发去了调查问卷。他询问了他们的许多情况，包括制订长期计划的能力、解决问题的能力、和同学相处的情况，以及他们的 SAT（美国大学标准入学考试）分数。调查结果显示，那些不擅长等待的孩子似乎更容易有行为问题，无论是在学校还是家里都如此。他们的 SAT 成绩较差，不擅长应对压力环境，注意力不集中，交不到朋友。能够等待 15 分钟的孩子比只能等待 30 秒钟的孩子的 SAT 成绩平均高出 210 分。

之后，很多人在不同的国家做了相同的实验，都得出这样的结论：**成功来自对自我欲望的控制能力。**

沃尔特·米歇尔认为："这个实验迫使孩子们找到一种方法，让局面有利于自己。他们想要第二个棉花糖，但要怎样才能得到？我们无法控制周围的世界，但我可以控制自己如何看待这个世界。"

所以，要想获得成功，就请先放开眼前那个棉花糖吧。在生活中，我得到的一个重要经验便是：自控力可以帮助你实现很多你可能想都不敢想的事情。也许，你与另外一个和你差不多聪明的人的差距就在自控力上。如果一个人能够克服人性中的弱点，就能完全掌控自己的人生，活成自己想要的样子。

心理学家凯利·麦格尼格尔教授通过多年的研究发现，自控力对人们取得成功有很大影响。在她的畅销书《自控力》中，她提供了循序渐进而有效的方法，可以帮助你认清自己的目标，增强自控力。

首先，我们要弄清楚的是，**到底是什么在干扰我们的意志，影响我们的自控力？** 作者凯利从神经学原理方面解释了这一点。

影响人的自控力的，有**本能系统和自控系统**两个方面。

本能系统除了一些原始冲动外，还有懒、偏好高热量食物和畏惧风险、躲避危险的偏好。这部分，是人与生俱来的本性，是无法改变的。**本能系统的原则是及时行乐。它隐藏在我们的大脑之中，当理智的你正打算做正事的时候，它就会出来阻挠你，掌控你的行为。**比如，本来决定看完一集美剧就去学习，结果你躺在沙发上看了一集又一集。本来想要打开手机记单词，结果情不自禁地刷起了微信。这些现象的本质都是本能系统在作怪。

自控系统就是大脑的前额皮质。它决定了我们是否能够克制和战胜原始大脑。

前额皮质，就是处在额头位置的大脑皮层，主要负责我们的记忆、判断、分析、思考和操作。它能控制我们去关注什么、想些什么，甚至能影响我们的感觉。这样一来，我们就能更好地控制自己的行为。很多情绪波动大、脾气不好的人，往往是由于前额皮质不发达导致的。

前额皮质分成了三个区域，分管**"我要做""我不要"和"我想要"三种力量**。"我要做"的力量，位于左边区域，驱使我们投身于枯燥、困难的工作，做我们也许不想做但却必须要做的事情。"我不要"的力量，位于右边区域，它帮助我们克制想要做某事的冲动，抵制诱惑。"我想要"的力量，位于大脑前额皮质中间靠下的区域，它代表着我们的目标和欲望。

我们总是认为，意志力是一种"个人品质"，但归根结底，它更是一种生理问题。我们必须正视这一点。

然而，如同肌肉力量有极限一样，自控力也是有极限的。生活中，我们面临的诱惑如此之多，靠后天训练的自控力依然会不够用。要打败它，就要通过刻意练习，形成习惯。

很多人感慨，高三是自己学习能力和自控力的巅峰。那时候，我们每天都要做很多题目，晚睡早起，但第二天依然精神抖擞。

上了大学之后，我们却变得懒散和失控，熬夜玩游戏、看美剧是家常便饭。

为什么会这样？真相是，高三的时候，保证我们高效运转的其实是习惯，而不是自控力。

想了想，确实如此。在紧张的学习气氛下，我们被动地养成了很多习惯，每天规律地起床、上课、自习、吃饭和睡觉，学校为我们安排好了一切，我们只需要按部就班就可以。就像你每天早上起床，虽然眼睛都睁不开，但你会自动地上厕所、刷牙。这一套流程你可以精确无比、毫不费力地执行下来，完全不需要自控力。

所以，高三的时候其实并不需要太多自控力。而当你进了大学，课程安排变得自由了，你丧失了那些被动习惯，开始自己掌控生活和学习时，才是需要自控力的时候。所以，**高效的学习和工作，并非依赖于强大的自制力，而是得益于后天构建起来的习惯体系**。

如何建立起我们的习惯体系？

一般来说，形成一个习惯最少需要 3 周。如果你明白了上面的基本原理，那么接下来就可以开始 21 天的自控力训练了。

一、逃离多巴胺的控制，强化你的目标

1954 年，美国的科学家奥尔兹和米尔纳利用小白鼠做实验，他们把小白鼠放进笼子，给小白鼠的大脑接上电，开关设在笼子里的踏板上。在试验人员的诱导下，每当小白鼠自主踩动踏板时，就会有一次微弱电流刺激它的大脑，从而使小白鼠产生兴奋。有一些小鼠迷恋上了这项活动，一次又一次不知疲倦地踩动踏板，最后直至衰弱死亡。

奥尔兹和米尔纳的这个经典实验，证明了动物大脑内存在一个区域能让动物产生兴奋，这种兴奋感只要通过踩一下踏板就可以获得。对于小白鼠来说，找到了这个踏板就如同看到了终极幸福。

这个区域被神经科学家称为"奖励"系统，是人脑最原始的动力系统的一部分。当大脑发现获得奖励的机会时，它就释放出一种叫"多巴胺"的神经递质。多巴胺会告诉大脑其他部分需要注意什么，怎样才能让我们得手。每当这个区域受到刺激的时候，大脑就会说"再来一次，这会让你感觉很爽"。大量的多巴胺并不能产生真正快乐的感觉，那种感觉更像是一种激励，或者是欲望。就好比沉迷于网络的人，他不停地刷帖子，并非是真正的快乐，而是在一直期待快乐，就像实验里的小白鼠一样。

这个世界充满了能带来刺激的东西，美食、彩票、上网、游戏，这些都有可能让我们像染上了毒瘾一般无法自拔。如果你不想当小白鼠，就要明确自己的目标，远离让我们分散精力、上瘾的虚假奖励。

目标是支撑你建立习惯的内在动力。背单词，是为了英语考试过关；坚持跑步，是为了身体健康；想要学会弹吉他，是为了能够一显身手。确认目标，能让你在养成好的习惯时获得精神上的正向反馈。你的目标越明确坚定，就越能忍受改变过程中的痛苦与反复。

二、放慢呼吸，或者尝试一下冥想

研究表明，将呼吸频率降低到每分钟 4—6 次，也就是每次呼吸用 10—15 秒时间，比平时要慢一些，能够激活前额皮质，从而有效提高意志力。训练几分钟之后，你就会感到平静，有控制感，能够克制欲望，迎接挑战。

所以，面临小诱惑的时候，不妨试一试这招。比如减肥的时候，面对蛋糕的诱惑，在准备动手开吃之前，先来几次放慢呼吸的训练。说不定，做完之后，你就能够抵抗蛋糕的诱惑了。

你也可以尝试一下冥想。只要几分钟，你就会发现，你的自控力会有大的提升。

三、运动可以提升自控力

悉尼大学的两位心理学家发现，运动可以提升前额皮质功能，从而增强自控力。比如，15分钟的慢跑就能降低巧克力对节食者、香烟对戒烟者的诱惑。如果仅仅是提高自控力而言的话，5分钟做家务、散步、遛狗或者伸展运动就可以。如果你是白领，在办公室里走动走动，和同事聊聊天，也是可以的。

很多人可能想要问：什么运动最有效？其实，只要运动起来，对你来说就是最有效的。

四、用做什么去替代不做什么

我们的大脑有着难以克服的逆反心理。比如，让你在五分钟内集中注意力不去想一头白色的熊。结果你会发现，你无法做到。很多时候，我们都陷入我不想做却偏偏无法停止想去做的陷阱。正确的克服方法是换个思路，用去做什么代替不去做什么，比如想吸烟的时候，想着出去慢跑或者看部电影；想打游戏时，就去翻翻杂志或者安静地听会儿音乐。这些举动，比单纯的不想做什么要来得简单。

需要注意的是，自控力有极限值，并且还会被消耗。所以建议有选择地使用自控力，将它用在你认为最重要的地方。

五、适时给自己一些奖励

毕竟人不是机器，还是需要时不时给自己一点鼓励和安慰，好继续为目标努力。

人们一直以来都在用奖励和承诺来克服癖好。在戒酒的过程中，最有效的干预治疗法被称为"鱼缸疗法"。

病人有机会从鱼缸中抽出一张纸。一半的纸上写着奖励，从 1 美元到 100 美元不等。另一半的纸上只写着"继续努力"。这就意味着，你有可能获得价值 1 美元的奖励或是一句鼓励的话。这应该不算什么激励，但它确实能起作用。结果显示，83％的人坚持了整整 12 周的治疗，而没有奖励承诺的病人只有 20％坚持了下来。而且，治疗结束后，使用"鱼缸疗法"的人更难复发，即便那时已经没有奖励承诺了。

这真的让人觉得很神奇！这就证明了，难以预料的奖励究竟有多么强大的力量。这就和抢红包是一个道理，金额多少并不重要。

奖励是习惯养成中至关重要的一环，它往往被人们忽略。

为什么坏习惯容易养成？因为它们的奖励往往即时而明显：打游戏、吃零食，你都能得到即时的快感。好习惯难以形成，也恰恰因为短期的奖励不够明显。阅读、健身、练书法，往往需要较长的时间才能看到效果。所以，我们要时不时地给自己一点奖励，以养成习惯，可以是精神的，也可以是物质的。比如发个朋友圈鼓励下自己，吃顿好的犒劳一下自己，等等。

我们总是认为，意志力是一种"个人品质"，但归根结底，它更是一种生理问题。我们必须正视这一点；目标是支撑你建立习惯的内在动力；奖励是习惯养成中至关重要的一环，它往往被人们忽略。总而言之，提高自控力，是伴随我们一生的修行。当你拥有了自控力，你就会发现，你的人生从未失控，你的人生方向也没有跑偏，一切都变得越来越美好。

如何全情投入，成为一个高效能人士

很多人觉得自己虽然整天很忙碌，却没什么效率，想知道如何提升效率。所以，这一期，我们的主题就是"如何提高自己的工作效率"。

很多整天忙碌的人，让自己陷入了琐事和不必要的困扰的泥潭中，像一只被各种一般事务抽打的陀螺，完全停不下来。每天在睡觉之前，觉得自己度过了忙碌而充实的一天，内心踏实。

其实，这是一种可怕的错觉。你的努力只不过是感动了自己而已。很多人大部分的努力，都是无用功。

我们都知道，汽车发动机有一个效率指标。

普通汽车的热效率是38%。又因为汽车在市内行驶中频繁地停车、低速行驶等，造成空转或处在低效率区，其最终效率不过12%。也就是说，汽油燃烧的能量，只有12%的能量转换为了汽车前进的能量。

那么，你考虑过你的效率如何吗？

为了改善这一局面，也许你需要改变一下做事的方式，提升效率，成为一个高效能人士。

我们处在一个互联网时代，虽然获取信息更加便利，但也带来了一个大问题——我们的注意力受到了种种干扰，从而做事情的专注度也大打折扣，工作效率受到了严重的影响。

想象一下这样的画面：

早上，喝完一杯咖啡，你精神抖擞地开始一天的工作。你今天的主要工作是写完一个项目方案PPT。明天就要结案了，你今天必须写完。理想是美好的，但现实却是残酷的。很快，你发现一个让你崩溃的事实，几个小时过去了，你却只写了几行字。

为什么？因为正当你查资料的时候，闺密碰上了渣男，找你来诉苦，你好一通安抚之后，对方才消停。你刚要准备写PPT，客户来电话向你咨询问题，你使出洪荒之力，终于化解了客户的麻烦。然后，你继续写PPT，才写了几个字，上司通知你去会议室参加会议。会议结束之后，已经是中午了。你心想，幸好下午还有时间，不急，先吃个饭，下午继续。下午，回到工位，你发现微信上有未读消息，就拿起手机，和朋友、同学、同事、客户各种聊，看看朋友圈。聊完了，你开始工作。结果发现没有思路，便开始去各种网站溜达，寻找参考和灵感。结果，东逛逛，西看看，顺便刷了一会儿微博和豆瓣。折腾了半天，总算有了点头绪，你文思泉涌，终于写完了一页PPT。你正要握拳小小庆祝一下，却悲哀地发现，时间已经是下午五点半了。你惨叫一声，心想，晚上看来又要加班了。

这些场景，几乎就是很多人的工作状态的缩影。这是一个充满着诱惑和干扰的时代，大家在享受其便利和多样性的同时，也深受其苦。这时候，我们是该怨网络诱惑太强大，还是恨自己自制力不足呢？

很多人眼里只有钱，认为金钱才是最重要的。但是，层次和眼界高一级的人都知道，时间比金钱更重要，因为比起金钱，时间更稀缺。可是，我发现很少有人注意到注意力的重要性。他们每天将大量的时间花在了刷手机上，以至于他们很难集中注意力做一件事情。

其实，在更高一层次的人看来，注意力比时间更重要。因为注意力可以让你的时间变得更有效率，更有价值。相信有过专注体验的人都知道，专心致志地工作一个小时，效果往往胜过几个小时的散漫地工作。然而，一旦注意力分散，工作效率就会变得低下，做出来的活儿也马虎粗糙。

曾经看过一个故事，深受启发。

有一个老和尚带着小和尚在庙里修行。小和尚跟着老和尚已经好几年了，但是一直不知道什么是禅。

有一次，吃饭的时候，小和尚就忍不住问老和尚："师父！我看学佛的人总说禅，到底什么是禅啊？"老和尚停下筷子，只是看了小和尚一眼，什么也没有说。晚上睡觉的时候，小和尚又问："师父，你快告诉我，到底什么是禅啊？"老和尚摸了摸小和尚的头，说："禅就是吃饭的时候吃饭，睡觉的时候睡觉！"

"吃饭的时候吃饭，睡觉的时候睡觉"，这句话确实禅意十足，每个人都有不同理解，你可以理解为顺其自然，可以理解为随心所欲，也可以理解为全情投入。

我们之所以是俗人，无法成为得道的高人，是因为我们在工作的时候想着下班，吃饭的时候想着减肥，在上床的时候想着刷朋友圈……我们总是无法物我两忘地做一件事。然而，一个人只有投入生活，才能拥抱生活中的幸福与快乐。《拆掉思维里的墙》中提到过："当你真正完全投入到当下的事情中去时，不管这个事情多么简单卑微，你都能感受到无穷的乐趣。任何一个瑜伽教练都会告诉你，即使认真投入你的呼吸——这个每天你做过无数次的事情——都能感受到无数的乐趣。"

因为投入而有乐趣，因为乐趣继而坚持。这就是专注的力量。

那么，我们如何进入专注状态？我们需要先弄清楚一个概念。

有没有体验过这样一种感觉：当你正在从事一件事情时，时间开始飞逝，杂念迅速消融，你觉得自己全身心投入其中，处于一种巅峰状态。

这种感觉和状态，有一个专有名词，叫作"心流"，也叫涌流。

当美国心理学家米哈里在研究画家是怎样工作时，他注意到一件奇怪的事。当画作画得好时，画家不在乎劳累、饥饿或不适，时间感被扭曲，他们会忘掉时间，一个小时一眨眼就过去了。

于是，他将这种状态称之为"心流"。这是一种将个人的精神力完全投入在某种活动上的感觉。

心流是意识的一种最佳状态，是一种极致的专注状态。在这种状态下，我们的感受和表现都处于峰值，我们既感受到了快乐，又展现出最好的状态。

我举几个例子，这将有助于你形象地了解心流的概念。

快要交卷的时候，当你发现自己好多题目还没做完，奋笔疾书的那段时间；

玩游戏打 BOSS 的时候，进入了一种忘我的境界，女神来电话都顾不上接；

上课偷偷看小说的时候，老师提问都没有听见，直到被老师扔过来的粉笔击中。

也就是说，心流，是一种全心投入、物我两忘的境界。其实，心流并不是一个西方概念，东方早就有这个概念，只不过不叫心流罢了。科学证明，坐禅入定的时候，身体会进入一种神奇的状态。这种状态，就是心流。

通过研究，米哈里发现心流的意义："很大程度上，获得幸福生活的秘密在于，学会尽可能地从我们必须做的事情中得到心流的状态。"

心流是一种"如有神助"的体验。在这种最佳状态下，我们能够更有效地学习、工作、娱乐，从而向未来的目标迈进。

科普作家史蒂芬·科特勒30岁时得了一场重病，卧床3年。医生都不知道他究竟是哪里出了问题。然而，心流挽救了他。因为，专家发现，心流过程中产生的神经化学物质可以促进免疫系统，重置神经系统，这最终让他恢复了健康。

那么，心流对商业世界有什么好处呢？

麦肯锡公司的一项研究发现，普通人在大约5%的工作时间内处于心流状态。但如果你能够将这个比率提高至20%，整个工作场所的生产力将翻一番。这是一个非常疯狂的统计数字。德勤尖锐创新中心的联合主席约翰·哈格尔说道："很多公司高管表示，当他们处于心流状态时，效率会提高5倍。"

如何打开心流的开关？

芝加哥大学心理系教授米哈里早在20世纪70年代就找到了触

发心流最关键的几个因素，他将这些研究成果写在了《生命的心流》这本书中。下面，我结合我的一些心得体会来谈一谈。

一、足够的内在动机

如果你想把事做好，那你最好有一个内在动机。

充足的动机是进入心流状态的前提。动机不仅指纯粹的兴趣，也可以是功利性的目标。我们常说的"兴趣是最好的老师"就是这个意思。俗话说得好，强扭的瓜不甜，千金难买我愿意。

所以，如果一个孩子特别喜欢数学，但你让他钻研微积分，恐怕很难。除非你告诉他，研究好微积分，就能炒好股赚大钱。如果热衷此事，动机又充足，就算万般棘手，你也能轻而易举达到全神贯注的境界。

所以，如果你找不到动机，我给你支两招。

1. 给自己设置一个截止日期。毕竟，截止日期才是第一生产力。

2. 利益驱动。用利益或者奖励来推动自己，可以是物质奖励，也可以是精神奖励。效率专家李笑来讲过一个故事：有个学生要去美国读博士，但是又不想背 GRE 单词。李笑来就给他算了笔账，背完这些单词，就可以通过 GRE 考试，过了 GRE 就可以拿奖学金。算下来，每个单词值 20 元人民币。你看，背单词就是赚钱。这学生一听，果然就像打了鸡血一样，停不下来了。

二、清晰明确的目标

米哈里认为，拥有清晰的目标是心流体验的前提。虽然目标有时会发生改变，但我们行进的方向是不能错的。当我们全心全力投入去实现目标，不为任何其他的诱惑所动摇时，我们才能获得心流体验。

三、难度和能力要匹配

米哈里认为："乐趣出现在无聊和焦虑之间的边缘，当挑战和人们的理解力达到平衡，就可以行动。"在他看来，心流的产生依赖于个人能力与挑战难度的匹配。也就是说，要想达到心流状态，任务要难易适度。如果难度大于能力，我们会沮丧和焦虑，因为我们会觉得压力大；如果能力大于难度，我们会觉得无聊乏味，因为太没有挑战性。只有当能力与挑战难度差不多时，人既不会感到焦虑，也不会感到无聊，才会产生心流。也就是说，人要产生心流，就需要根据自己的实际能力来决定自己要做什么事情。这个事情应该对你来说不太难，又不太简单，刚刚好有那么一点挑战性，又具有实现的可能性。

在工作中，这意味着要设置合理的工作目标，即对自己来说不要太难，也不要太简单的目标。并且随着自己能力的提升，逐渐地把目标设置得更高、迎接更大的挑战。

如果上级设立的目标太简单，你可以为自己设定一个更高的目标，或者更高要求地完成目标。

如果上级设立的目标太难。你可以试着把这个目标分割成多个步骤或者小目标。这些小目标的难度应该由易到难，根据你的实际能力水平去制订。这样，你一直就在完成与你能力匹配的目标，直到这些目标全部完成。同时，因为你的能力一直随着子目标的完成在提升，当你开始攻克那些较为困难的目标时，你也就具备了进入心流状态的前提条件。

四、即时反馈

科学家发现，进入心流状态的时候，人的大脑会分泌多巴胺，所以人会处于一种愉悦的巅峰状态。然而，多巴胺的产生，是你将得到的结果与预期进行比较而来的，如果你的行为不能很快产生结果，那么正反馈也很难被激活。所以，即时反馈是十分重要的，反馈周期越长，就越难进入心流状态，事情也越难做好。

相声演员在演出的时候，如果听到台下观众的笑声或者喝彩，那么就说明这包袱响了，他们的表演得到了认可，接下来的演出也会更加卖力投入。所以，进入心流状态，迅速的反馈也是很重要的。毕竟，没有谁能长期坚持地做一件没有任何希望的事情。

所以，为了能够得到即时反馈。你可以将任务分解成最小可执行的一个个小任务，并且为每个小任务设定对应的目标。

比如，如果你要写一本书，你每天晚上坐在电脑前，告诉自己，我要写一本书，这样肯定不行。最好的做法就是，你每天只写一篇文章，每篇文章一千多字，这样压力就小很多了。你才愿意坐下来写，也能迅速得到正反馈，这样才会有心流的产生。

五、抛开自我意识和杂念

太在意自己在别人眼中的形象，往往是日常生活中的负担。当一个人处于心流状态时，我们会专注于所做的事情，根本没有心思来关心自我和外界的事情。

日本的明治初期，有一位著名的摔跤手，名叫大波。

大波体格强壮，且精于摔跤之道。私下较量时，就连他的老师也不是他的对手。但在公开表演时，他却连他的徒弟都打不过。

大波很是苦恼，就去向一位禅师请教。

禅师听完了他的倾诉，说："既然你的名字叫大波，那么，就想象一下，你就是巨大的波涛，已不是一个怯场的摔跤手，而是那横扫一切的惊天巨浪。你只要这么想，不久后就能成为全国最伟大的摔跤手了。"

禅师走了后，大波便开始打坐，想象自己变成巨浪。起初，他内心有很多杂念，想了很多别的人、事、物，但不久之后，他对波浪越来越有感应了，夜越深，波浪越大，连佛堂中的佛像也被淹没了。黎明尚未来到，只见波浪滔天，庙也不见了。

到了早上，禅师发现大波仍在打坐，微笑着拍了拍他的肩膀："现在，什么也不能令你烦恼了。你可以横扫一切了。"

这天，大波参加摔跤比赛，大胜而回。自此以后，全日本没有一个人可以把他打败。

在这个故事里，摔跤手通过想象巨浪的样子，获得了巨浪的力量。这或许就是心流的力量，可以让人把能力发挥到极致。

心流就是内心自由流动的状态。只有在自在的状态下，心才能最大限度地发挥原本的潜力。而要获得这种境界，要破除的不仅是外界的障碍，更是自己内心的障碍，心无杂念，真正地让身心合一。

所以，我们应该清空杂念，将所有心思放在工作上，无须考虑自我，抛开一些杂念，才能进入心流状态。你可以使用番茄工作法，或者用时间管理 APP 来帮助你屏蔽外界的干扰，专注于工作。

心流无处不在，无论你是谁，你在哪里，只要熟练掌握前面说到的几点即可。

最后，我要为各位强烈推荐一个工作方法，它能帮助你分清轻重缓急，大大提升工作效率。配合心流使用，就能让你的工作如虎添翼。

意大利经济学家和园艺师弗雷多·帕累托发现了"二八法则"。在他看来，重要的东西只占一小部分，只要集中处理只占整体 20% 的事物，就可以解决 80% 的问题。在日常生活中，我们的事情虽然繁杂，但是只要做好一些关键的事情就已经足够。

在第二次世界大战期间，为了高效处理繁多的事务，美国前总统、将领艾森豪威尔发明了著名的要事第一法则，也叫**艾森豪威尔法则**。这是时间管理领域最重要的法则，能够大大提升工作效率。

按照"要事第一"的法则，所有事务分为四类：

第一类，重要且紧急：需要尽快处理，最优先。

第二类，重要不紧急：可暂缓，但要加以足够的重视，最应该偏重做的事。

第三类，紧急不重要：不太重要，但需要尽快处理，可考虑是否安排他人。

第四类，不重要且不紧急：不重要，且也不需要尽快处理，可考虑是否不做、委派他人或推迟。

你可以根据实际情况将要做的事情分成四类，然后按照顺序逐一处理。如此一来，你就总是在做重要的事情。当你熟练运用要事第一法则的时候，恭喜你，你已经成为职场达人了。

为什么你从早忙到晚，能力却没有提升

每个人都想把事情做到最好，然而，慢慢你便会发现这样一些事实：

加班的频率越来越高，但是职位却一直上不去；

你给自己设定了目标，但是你拼尽全力，却发现依然完不成目标；

你一直很努力，感觉自己忙忙碌碌，但是能力一直没有多大的提升，只能仰望其他大咖。

如果你有这样的困扰，那么说明你遇到职业"瓶颈"了。很多人只是看上去很努力，如果一直无法突破自我，就只能原地踏步。

出现这样的问题，背后的原因可能有很多：基本功不够扎实，不够努力，不注重方法，等等。然而，这些都不是最核心的问题。

那么，我们到底为什么会遭遇"瓶颈"，我们又将如何化解"瓶颈"，突破自我，从而提升自己的层次呢？

对减肥有一点了解的人都知道，减肥的时候会有一个平台期。在这个阶段，减肥的效果会停滞一段时间，体重很难继续下降。于是，很多人以为没有效果，自己是易胖体质，对减肥也失去了信心，最终放弃了。其实，体重没有下降的原因，是因为我们的身体并不是橡皮泥，想怎么变就怎么变。当你的体形和体重发生变化的时候，你的身体需要花一定的时间重新适应体重和体形的变化。这就和我们打开大的电脑程序，需要几秒钟加载程序，是一个道理。只要你能够挺过这段时间，度过平台期，你的体重就会快速下降。

其实，和减肥一样，个人能力的增长也有平台期，我们称之为"瓶颈期"。这是因为，随着工作内容的变化，你原有的知识体系和技能已经不匹配，对新环境和变化的适应能力不够，无法应对瞬息万变的现实。

这就好比盖一栋楼房，你需要打好地基，建立框架，然后才能一层层往上盖。对应到工作中就是：知识是地基，它是职业生涯的基础；技能则是房子的框架，决定了你人生的基本格局，是两室一厅还是四室二厅。地基扎实，技能均衡，这栋楼才能不断往上盖。也就是说，让你的人生高度不断增长。

然而，一旦你的地基没打好，或者你的框架有问题，比如墙砌歪了，或者这面墙砌好了，其他几面墙还没砌好，那肯定就不能再往上盖了，需要你停下来调整修补，才能继续盖楼。解决了这些问题，你的人生才能更上一层楼，进入新的阶段。

为什么会有"瓶颈"？我们又将如何突破"瓶颈"？

对于这些问题，美国的学习顾问、企业家布里塞尼奥在 TED 的演讲让人深受启发。他不但指出了问题所在，还提供了一套行之有效的解决方案。

布里塞尼奥发现，那些大神之所以厉害，是因为他们能够在生活中刻意地于两个区域中切换。一个是学习区，另一个是执行区。

学习区是用来学习的。在这块区域中，我们要做的是学习、尝试、更新、反馈、总结、反思，从而不断提高自己的能力。我们以改进、提升自我为目的，涉及的都是没有掌握的东西，所以在这个区域，我们经常犯错。

执行区是我们的日常工作。比如医生看病，老师教书，司机开车，程序员写代码。当我们处于执行区，我们总是以完成任务为目的，涉及的都是已经掌握的东西，希望尽量减少失误。

这两个区域很好理解。假如你是一个菜鸟理发师，你的师父教会了你剪一些常见的发型。你每天努力工作，训练技能，几年之后，你的理发技术越来越熟练。然而，潮流变化是非常快的，新的发型会不断出现，你熟练掌握的发型很快就过时了。慢慢地，你就会发现，找你理发的顾客越来越少。怎么办？这个时候，你只有苦练技法，了解潮流动向，学习新的发型，跟上时代的步伐，才会有源源不断的顾客，获得更好的发展。但是在学习的过程中，有一点需要特别注意，就是你千万不能犯错，一旦给顾客剪出问题了，后果很严重。怎么办呢？你可以对着假发练习，这样可以减小失误的后果，即使剪不好也没关系。通过多次练习，你也可以逐渐成为美发界大拿，当上创意总监或者店长，走上人生巅峰。

所以，我们的能力一直没有提升的原因，就是害怕失败和风险，导致我们一直处在执行区。渐渐地，我们就把生活变成了执行区，只顾得上应付日常工作，忽略了学习区的反思、反馈、提高和进步。

那么，我们应该怎么办？古希腊著名的雄辩家、政治家、律师德摩斯梯尼的故事，给了我们启发。

在雄辩术高度发达的雅典，听众的要求很高，演说者一旦有不适当的用词，出现一个难看的手势和动作，都会引来讥讽和嘲笑。

德摩斯梯尼天生口吃，嗓音微弱，还有耸肩的坏习惯。在常人看来，他似乎没有一点当演说家的天赋，为了成为卓越的政治演说家，德摩斯梯尼做了超过常人几倍的努力，进行了异常刻苦的学习和训练。

他最初的政治演说是很不成功的，由于发音不清，论证无力，多次被轰下讲坛。为此，他刻苦学习，努力训练。为了说话更清晰，他把小石子含在嘴里朗读；为了声音洪亮，他在海边练习，让自己的声音盖过海浪的咆哮声；为了去掉气短的毛病，他一边在陡峭的山路上攀登，一边吟诗；他在家里装了一面大镜子，每天起早贪黑地对着镜子练习演说；为了改掉说话耸肩的坏习惯，他在头顶上悬挂一柄剑，一旦耸肩，利剑便会刺入肩膀。不仅如此，他还积极向其他高人学习。柏拉图是当时公认的演讲大师，他的每次演讲，德摩斯梯尼都前去聆听，并用心琢磨大师的演讲技巧。

经过十多年的磨炼，德摩斯梯尼终于成为一位出色的演说家，成为一代雄辩典范。

由此可见，只有在学习区的练习才会让人进步。研究表明，在一个岗位上工作几年后，一个人的能力会停滞不前。这在教师、医学和其他行业都得到了证实。之所以如此，是因为一旦我们认为自己能较好地胜任工作，我们就会停止在学习区花费时间和精力，将全部的时间都用来完成工作，而完成工作并不能让我们不断进步。

然而，执行区并非没有价值。当我们处于执行区的时候，虽然我们要避免犯错，但是不可能不犯错。犯错也是一种反馈，我们可以从错误中获得成长。如今，很多公司强调零缺陷执行文化，鼓励零失误、无错漏的工作表现。这样固然没有错，但这样也会让员工一直待在自己已知的圈子内，无法尝试新的东西。所以公司很难有创新并打开局面，最终落后于人。很多巨头，比如诺基亚，就是因为这样的原因，故步自封，从而失去了自己的领先地位，最终被微软收购。对此，诺基亚CEO无奈地表示："我们并没有做错什么，但不知为什么，我们输了。"让人无限感慨，也足以给人警醒。

另外，处在执行区，可以使我们出色地完成工作，获得成就感和自信心，还能告诉我们接下来在学习区该练习什么。所以，不断提升自己，让自己更强大的方法，就是在学习区与执行区之间相互切换，有目的地培养相关技能，然后再把这些技能应用到执行区。

总而言之，我们在学习区待得越久，提升就越大。所以，如果要突破自我，就要增加学习区的时间。

如何用好学习区，突破人生发展的"瓶颈"，获得更大

的提升?

一、你要走出舒适区，敢于折腾自己

我们都知道，最锻炼能力的，往往是难熬的项目。如果你每天做的都是自己再熟悉不过的事情，那么你很难获得成长。

专家研究表明，只有在学习区练习才最有成效。所以，我们应当走出舒适区，接触一些不熟悉的领域，尝试一些有挑战性的任务，让自己过得不那么舒服。

比如，对于一个编辑来说，产品这部分很熟络了，你可以去了解一下销售；制作很厉害了，可以学习一下设计；写文章在行，可以试试运营公众号。这样，对各个岗位都有了一定的了解后，团队合作会更顺畅，你对很多事情的看法都会发生改变，做事的格局也大不一样。老守着自己会的那点儿东西，总有一天会坐吃山空。

记住，所有的突破都是一个突破自我的过程，你要打破你原有的习惯，打破你原有的思想，以及突破你内心的障碍。只有这样，你才能在事业的大厦上添砖加瓦。

二、注重刻意练习

走出舒适区，下一步就是刻意练习。刻意练习，其实是从"熟练"到"生巧"的转换方法，对于一个人的提升来说非常重要。心理学专家发现，有不少成功人士，都是用"刻意练习"的方法来完善自己。他们把精力放在"次级技能"——也就是不太好的技能上，对其进行学习，然后通过学习、反馈、调整以及专业的指导来获得提升。通过这种练习，他们的技能获得了脱胎换骨的进步。

就拿打字来说。我们每个人都花了不少时间在打字上，但速度并没有越来越快，但如果我们每天花 10—20 分钟，聚精会神，进行有针对性的训练，就可以让你的打字速度比平常快 10%—20%。如果坚持练习，我们就能越来越快，尤其是进行一些容易失误的针对性训练的时候。这就是刻意练习的意义。补齐强化我们的短板，让技能均衡，从而继续往上盖楼，迈入人生新的高度。

需要注意的是，并不是所有的练习都是有效的，没找准地方，就只是在浪费时间。

比如，当你用吉他弹一首曲子时，某个小节老是弹不好，单独练习这个小节就可以了，无须重复练习整首曲子。

为了顺利找到短板，你可以尝试将一项技能分解成不同模块的二级技能，然后通过对比和测验，就能知道自己需要努力提高哪一部分的技能。比如，你的英语成绩不好。英语分为听、说、读、写四个二级技能，你可以通过分别测验，找到你的短板，然后通过学习来弥补。

这个环节也是突破"瓶颈"的关键。关于刻意练习，你可以看一下安德斯·艾利克森的《刻意练习》这本书。这本书写得专业细致，你的很多问题在这本书里都可以找到答案。

三、找高人指路

那么，如何发现自己的短板和问题？这就需要高人指点了。

有时候，高人的一句话，胜过我们几年摸索。在你陷入困境的时候，你就需要高人指路。高人能够指出你存在的隐藏缺陷，告诉你当前的状态是一个必经过程，解除你的迷茫和困惑，为你指出正确和合适的努力方向。

那么，高人在哪里？你可以从行业内、身边、互联网上去寻找。如今是一个信息化的社会，只要你用心，一定可以找到满意的答案。这个高人，可以是一个人，可以是一本书，可以是一件事，也可以是网上的一个回答或者教程。如今有微博、微信和搜索引擎，还有知识付费，网上的各种牛人层出不穷，没有解决不了的问题。

四、总结反省

我发现，在工作的时候，大多数人的注意力都放在了"把事做完就可以了"，只有极少数的人会这么想"我能从中学到什么？如何做得更好？"这两种思维方式的差别短期来看没什么，但长期来看积累出的差异简直判若云泥，因为前者不会有任何的积累，而后者即使每次的积累都很少，但长期来看是非常可观的。人和人之间的差别就在于你是 0.9 还是 1.1，从长远来看，细微的差别会造成巨大的差异。

美国著名歌手碧昂丝对这一点就运用得十分出色。她在开巡回演唱会的时候，登台演出，她处于执行区。然而，晚上回到酒店的时候，她就会观看录制好的演唱会视频，寻找可以改善的地方，比如灯光、舞蹈、音色、台风等。此时，她进入了学习区。在接下来的行程中，碧昂丝和她的团队就会弥补缺憾，改善问题，力争做得更好，从而让演唱会更精彩。

我们可以认真地工作、完成任务，但事后我们一定要去反思总结，自己有什么地方做得不够好，下次应该如何调整？这次有什么地方做得好，能不能优化一下？当你学会了观察、反思、总结和调整，那么你就可以将执行区变为学习区，从中获得提升。这比单纯地做事要有用得多。长此以往，就会拉开你和其他人的档次。

所以，如果你拼尽全力，却得不到想要的结果，说明你遭遇"瓶颈"了。要想突破"瓶颈"，就要让自己多处于学习区。为了做到这一点，你要走出舒适区，敢于折腾自己，挑战自我，注重刻意练习，找高人指点，通过不断地反省和总结，最终提升自己，进入新的人生境界。

如何做一个不盲从的聪明人

处在这个信息爆炸的时代，我们得到的信息越来越多，这就需要我们善于思考，学会认知，辨别真假，判断优劣。大多数时候，我们只是看到了一些现象和观点，答案对错根本无从判定，也没有能力判定，或者我们也从没想过要去判定，对一切信息照单全收，每每看完一篇论述便飘飘然有学富五车之感。其实，在互联网上，经不起推敲的观点比比皆是，即使是一些刷爆朋友圈的"10万＋"文章，也会充满着强烈的情绪，扭曲事实，错漏百出，但是我们依然看得很爽，觉得是好文。根本原因，还是缺乏"批判性思维"，不能理智、理性地分析问题。

然而，观察一下身边具备批判性思维的人。我发现，他们冷静而理性，极具生活智慧，对很多事情能够透过现象看本质，正确判断所面临的处境，有自己的思考和见解，讲话有理有据，一针见血，而且轻易不会受到他人和环境的影响。

2016年，知名网红王思聪参加活动，在线回答了32个问题，收入超过17万元。其中有一个问题，引起了我的注意。这个问题是：如果一定要出国留学的话，你觉得应该成年之后去还是成年之前去？为什么？

王思聪的回答是："我觉得要是十二三岁之后再出国的话，就没有什么意义了，特别是成年之后出国，这个更没有什么意义。因为思想已经固化了，要出国一定要在成人之前，出国不是学英语，不是学知识，而是开发自己的思维模式，开发自主判断能力。"

王思聪所说的思维模式到底是什么？其实就是批判性思维。

那么，什么是批判性思维？

关于这个问题，《批判性思维》这本书给出了最好的定义：有强烈的好奇心，一种不误导他人，也不受他人误导地去探索和理解事物的激情。

也就是说，拥有批判性思维的人，有着强烈的好奇心。好奇心驱使他们去探索，他们会用怀疑的眼光去看待事物，用各种方法来验证真实性。如果超出他们经验和能力的范围，他们会通过学习来攻克。他们总会想尽办法，把事物的来龙去脉搞清楚。这一系列的行为看似复杂，对他们来说却早已成为习惯。

长此以往，让他们对事物有着远超常人的认知度。所以，无论是在人生路上的判断或选择，还是工作所需要的能力，他们都会更加突出。他们可以在人生的关键路口选择最适合自己的路，做出最合理的决定。

如今，社会瞬息万变，各行各业的发展也是变幻莫测。处在这样的时代，我们很容易迷茫，很容易被忽悠，很容易落伍，要想成为一个优秀的人，就需要有超越其他人的认知能力，不能被变幻的表象所迷惑，透过变幻的表象，抓住核心本质。而拥有这种认知力，靠的就是批判性思维。

所以，在我看来，认知才是一个人的核心竞争力。人和人之间是没有本质差别的。地位、财富的差别，往往来自认知的差别。

那么，批判性思维有什么用？

让理性思维，在情绪、偏见或不好的主意占据主导地位的时候，重新获得优势，使我们做出更好、更正确的判断，从而直接或间接地改变我们生活的现状与未来。

那么，批判性思维具体包括什么？下面的几句话，对批判性思维做了很好的概括：

怀疑，但不否定一切；

开放，但不摇摆不定；

分析，但不吹毛求疵；

决断，但不顽固不化；

评价，但不恶意臆断；

有力，但不偏执自负。

我们为什么要培养批判性思维？

哈佛大学有一句名言："教育的真正目的就是让人不断地提出问题、思索问题。"为什么需要学习批判思维？因为我们天天都在犯心存侥幸并自以为是的错误。比如讳疾忌医，明明眼睛很痒却不去看医生，认为是天气干燥导致的，后来撑不住了，一检查是过敏性结膜炎。很多电信诈骗和即时通信诈骗就是利用这一点。

分开来说的话，主要有三个方面的原因：

第一，寻求更好的方法。我们受到的教育，往往只要求唯一答案，但现实生活或工作中我们经常遇到一个问题会有很多方案可以解决的情况。所以，只要我们用心思考，就可以得到更好的方法。

第二，寻求更好的观点。有时候，我们很容易被信息迷惑，仅凭直觉就得出观点。其实，有时候多问自己几个为什么，就能得到更好的观点。

第三，做出更好的决定。盲目相信别人告知的信息，不加斟酌和询问很可能做出糟糕的决定。

所以，学习批判性思维，能够让你活得更明白，变得更强大。

如何培养批判性思维？

在美国亚特兰大，印度大师希拉·马内克告诉人们，通过用双眼直视太阳，可以补充能量，拥有清晰的思维。结果，有50多个人听从了他的劝诫，开始了练习。但是，只要稍微具备科学常识和批判性思维能力，你就会知道，这样做只会伤害你的眼睛。

尽管科技日新月异，人类已经可以登上月球，但我们总是会做出错误的判断和不明智的行为。在现实生活中，大多数人不擅长批判性思维，不但非常感性，情绪极易冲动，总是受他人意见的影响，而且看问题总是简单化，也容易受惯性思维误导，喜欢根据自己的知识背景和生活经验做出断言，想当然是他们的行动准则，"我以为"是他们的口头禅。不管是工作上还是生活中，导致的惨痛教训可谓不胜枚举。所以，你必须寻找一些途径，快速提高自己的批判性思维能力，养成批判性思维的习惯。

那么，如何培养自己的批判性思维能力，成为一个理性的聪明人呢？你可以参考下面介绍的这些批判性思维技巧，经常在生活中使用，就能内化成我们的内在素养，每次开始思考的时候就自觉地运用。

一、转换角度，站在不同的角度思考

一位哲学家曾经问学生："如果你同时养了猫和鱼，但是有一天你出门，回来后发现鱼被猫偷吃了，你觉得应该怪谁？"

毫无疑问，几乎所有的学生都埋怨猫。

哲学家笑了笑："猫当然有责任，但除了责备猫，你更应该责备自己。因为猫吃鱼是它的本性，你明知猫会偷吃鱼，却不加任何防范，导致了事故的发生，所以你也是有责任的。同样的道理，当你明明知道人性有弱点，却不加防范，而吃亏的时候，除了怨那个人，也应该检讨自己。"

学生们听了，默然点头。

当人们遭遇失败或者不顺的时候，往往会努力为自己开脱，将原因归结为他人或者环境的不是，而从来不会从自己身上找原因。

所以，要培养批判性思维，既要站在支持、正面的、自己的一方思考可能会带来哪些结果，同时也要站在反对、反面的、对方的一方思考，给出不一样的结果。你可以一人分饰两角，在纸上写下正反观点，并提供支持论据。最后，通过比较，得出你认为正确的答案。

这样的思考方式为"一人辩证法"。

许多人都知道这样的思考方式，但是很少人会写下来，并进行一一对比和反驳。刻意训练一段时间，你会发现，用这样的方式，做事更有条理，更有依据。

有时候，你还可以扮演一个旁观者，利用中立的第三方的眼光来对付自己的偏见和情绪，有时候非常有效果。

二、思维公正，不带立场地看待事物

思考问题时，要做到思维公正，不掺带个人感情，做到客观公正。

思维公正，意味着在情境中公平地思考，根据推理论证得出结论。批判性思维的终点便是公正。以偏概全，是不公正；自以为是，是不公正；不讲逻辑是不公正。

公正的反面是自私、以自我为中心。我们每个人都想要追求公正，可偏偏我们生下来就有了主观意识和情绪，利益会导致我们无法做出公正的判断。这些倾向，需要有意识地客观思考去克服。确保公正性的问题包括：我是根据证据做出的判断吗？我完全没有夹带个人情绪吗？我考虑其他可能的证据了吗？我处理的方式公正吗？

三、提升思考的深度和广度

我们不能满足于看到了表面现象，要洞察事物本质，去分析理解其中的关系和对问题本身的影响。

要进行批判性思考，你必须像科学家一样深入思考，不能仅停留在问题表面。

深度，就是看到问题的根源，就是透过表面看到本质。我们可能需要从不同的角度来分析，比如从历史、政治、经济、心理，角度选取得越多，我们也可能越接近问题的本质。

为了打开思维的广度，你要思考这些问题：是否存在另一种更好的观点？从另外一个角度看待这个问题会怎样？

若有必要，也可以去网上看看别人的意见。"知乎"上有很多高质量的文章，不同人的答案从不同的角度开阔了我们的视野，很有参考价值。

四、独立思考，学会质疑，多提问题

创新的源头是质疑。有一句话说得好，几乎任何一个你遇到的信息都有一个目的。很多时候，媒体让你看到的，只是他们想让你看到的。所以，我们要敢于挑战权威，颠覆传统，有敢于质疑一切的勇气，遇到事情就独立思考，对自己任何"理所当然"的想法都要保持高度谨慎，绝对不能不思考就接受任何"真理"和"断言"。不盲从，不迷信，有主见，不固执，是一个人自信心的体现。这种独立人格的形成与思维的批判性的成熟是同步的。

假设你正在考虑出国留学，恰巧有校友去年已经在美国大学取得了 MBA 学位。

因此，你去找他商量，他说："A 大学是很好的大学，MBA 的课程也很充实。"于是你下定决心去 A 大学，因为有过来人的印证。

但是，当你听从了对方的意见，去了国外之后才发现，完全不是那么回事。课程不是你想要的。

批判性思考中最重视"根据"。持有意见和想法的大前提是必须要有根据。意见和想法若没有"好的"根据支撑，就完全没有说服力。

对此，李开复老师的建议是，多问问题。

多问 how，多尝试，多实践；

多问 why，理解原因和初衷；

多问 why not，尝试找到不同的想法；

多和别人讨论，理解不同的思维和观点。

总而言之，多问自己几个问题，就能很快提高批判性思维能力。

五、建立自己的观点

建立自己的观点是批判性思考的基础。许多人无法建立自己的观点，在很大程度上分不清哪些是已知，哪些是未知。对于未知的部分，很少通过查找数据、事实来弄明白。

很多时候都是把别人的观点当作自己的观点，这样人们会觉得你是一个没有想法的人。

譬如读书，一些人整天追着别人索要书单，每年制订快速阅读几十本书的目标，却看不了几本书。而一些人会根据自己的情况列书单，循序渐进地阅读。

在建立自己的观点中，有一个最为关键的点，就是要清楚地区分"事实"和"意见"。

许多人会把大众主流倡导的价值观、意见、看法作为事实，认为只要是专家说过、权威人士表明等这些都是客观事实。

然而，"事实"是通过证据可以证明的事物。当你看到一个观点时，最好能追溯其源头，从源头上去考究。只有这样，你才能建立自己的观点。

六、通过同行评审，强化自我思考

什么是"同行评审"？同行评审是对发布的内容互相批评、交换意见，同行评审能强化我们思考，有助于让结果变得更好。

全球最知名的演讲平台 TED 有一个策划团队，就是专门进行同行评审的。演讲者登台前，这个团队会给他很多意见，比如"这部分可以删除""尽量把话题联系到实际生活"，等等。而这样的反馈又会让演讲者对现有的材料进行深入思考，从而让演讲更贴近受众。

所以强化自我思考就是多与人沟通、交流，直接当面提出合理化建议，要想快速提升自己的独立思考能力，吸收他人的回馈和建议，这是最好的方式。

七、学会检讨和反省自己

批判性思维是一种高于自然思维的思维模式，它更讲求的是对思考的思考。

比如说下围棋时的思考就是自然思维，而复盘时的反思就是对思考的思考，这就是批判性思维。一般的思考由于利益相关、立场不同、时间紧迫等原因总会有不少偏差和误区。而对于思考的思考，因为其更纯粹，所以误区往往更少。

所以，我们要增加对思考的思考，以此来训练自己的批判性思维。最佳的方式，莫过于总结和反省了。

在生活中，我们经常接触的训练方式便是总结反省。我们做完事情后，一定要去反思总结，自己有什么地方做得不够好，下次应该如何调整？这次有什么地方做得好，能不能优化一下？当你坚持观察、反思、总结和调整，就能训练好批判性思维，从而拉开你和其他人的距离。

如何让你的思考更犀利，表达更有力

很多年前，当我读到《金字塔原理》这本书的时候，我感觉打开了新世界的大门。我是一个崇尚方法论的人。在我看来，金字塔原理，是最伟大的商业方法论。

麦肯锡一直主张以最快捷的方式，最少的时间、资源来解决工作中遇到的问题。当你第一次接触到金字塔原理的时候，或许你并不认为它有什么特别之处。但是，当你在工作中或是生活上遇到棘手问题的时候，你都可以用这些方法找到答案，找到解决办法。

作为全球最著名的管理咨询公司，麦肯锡是如何说服世界500强客户来购买昂贵的咨询服务的？为什么麦肯锡的一个PPT就可以卖上百万美元？

严谨的逻辑结构和方法就是答案。麦肯锡作为咨询行业的佼佼者，能纵横行业几十年，总是有几样"看家法宝"的，金字塔原理就是其中之一。对于麦肯锡公司的人来说，金字塔原理是他们表达、书写和解决问题的法宝，具有意想不到的神奇力量。

1973年，麦肯锡的咨询顾问巴巴拉·明托受到金字塔结构的启发，第一次提出了金字塔原理，这是一种呈现逻辑思维与表达的原理，能够帮助人们更好地厘清思维和表达的逻辑，找到最好的解决问题的方法。

人类发展了这么多年，为什么我们对金字塔结构情有独钟？书中认为，这主要源于人脑对金字塔结构的依赖。

第一，根据人脑的信息输出和输入机制对人脑的训练，人脑仅仅可以记忆7个以内的同类思想和概念。厉害的人可以记住9个，但正常人只能记4—5个，最差的人只能记住3个。

第二，经过百万年的进化，人脑具备了找出逻辑关系的本能。本能的东西很难解释，它是一种深藏于人体之内的基因反馈，而不是意识反馈。

为了阐明金字塔原理，巴巴拉·明托写了一本书——《金字塔原理》。于是，金字塔原理成为了麦肯锡公司的标准课程。现在，世界500强中，很难找到一家没有培训过金字塔原理的企业。很多大型企业的高层、决策层、董事会，都是通过金字塔原理来进行决策的。

著名作家冯唐进入麦肯锡公司时，受到的一个训练便是金字塔法则。经过多年的实践检验，冯唐感觉，这是他人生之中诸多训练中最宝贵、最有用的东西。

《金字塔原理》读起来相当啰唆晦涩。其实，金字塔原理，简单几句话就可以说清楚。

简单来说，金字塔原理就是，任何事情都可以归纳出一个中心论点，为了支持论点，你需要提供3—7个论据（最好是3个）。当然，这些一级论据本身也可以是个论点，被二级的3—7个论据支持，如此延伸，状如金字塔，所以叫"金字塔原理"。

对于金字塔每一层的支持论据，必须要遵循MECE原则，即彼此相互独立不重叠，但是合在一起完全穷尽不遗漏。不遗漏才能不误事，不重叠才能不做无用功。

需要注意的是，在给出核心论点的时候，一定要把结论放在前面，这被称之为结论先行。比如，你想表达"小米手机是性价比最高的手机"，你不能把手机零件成本一一列出来，然后对比其他同配置手机的价格，再得出这个结论。你需要在一开始就抛出观点。因为，人们都太忙了，没时间听你慢慢归纳。不如先给他们一个观点，吸引他们的注意，然后再分别阐述。

金字塔原理，也是个非常不错的写作和梳理思路的工具。比如，你想做一个PPT，主题是：

1.先把结论写出来：比如，竞争激烈的时代，我们需要建立标准。

2.为什么呢？支持的论据如下：

A.一流企业卖标准，二流企业卖品牌，三流品牌卖产品。这句话基本成了共识；

B.世界500强基本都有自己的标准，以此来获取竞争优势，如GE和IBM。高通每年通过专利费用就可以获取不菲的利润；

C.不只是世界500强，一些国内企业也有自己的标准，比如华为。

3.那我们应该如何建立自己的标准？你可以提出自己的建议和

思路。

至此，论述完毕。

这是一个简单的例子。很多咨询公司的项目汇报 PPT，都是运用金字塔原理的最佳范例，你可以在百度上搜索麦肯锡的咨询报告来学习这种方法和技巧。

金字塔原理看起来不起眼，但确实是一个伟大的原理，更是一个伟大的方法论。

运用好金字塔原理，可以让我们在生活中的各个方面都更加得心应手：思考时，能够更加全面、缜密、有条理；说话时能够让对方明白我们想要传递的信息；写作时，能够写出结构严谨，条理清晰的文章；管理时，可以避免出现没有头绪、无从下手的状况，从而迅速发现问题，对症下药，让工作事半功倍。

具体来说，金字塔原理有三个方面的作用：

第一，解决问题。

当你尝试解决问题时，你从下到上，收集论据，归纳出中心思想，从而建造成坚实的金字塔。有了这个大致的目标，解决问题最有效。

第二，管理下属。

如果你是领导，针对某个问题，你可以根据经验提出假设，迅速列出支持论据，然后分别交代给不同的下属。两周后，手下提交报告，你汇总排列，从而建造成坚实的金字塔。有了这个原则，管理起来最有效，领导也当得轻松。

第三，汇报交流。

当金字塔建成后，需要交流的时候，你需要从上到下，从金字塔塔尖向领导汇报。大老板总是很忙的，如果给你的时间只有三分钟，那么你只需要汇报中心论点和一级支持论据，领导明白了，事情就办成了。有了这个原则，交流起来最有效。

金字塔原理的精髓，是一种思维方法，帮助人们将混乱的思路按照逻辑整理清楚。逻辑，即思考的轨迹，是职场中人不可缺少的一种生存技巧。

在刚开始工作的时候，因为久仰麦肯锡大名，我曾颇花费了一番心力来研读与麦肯锡相关的图书，却还是一头雾水，不得要领。

后来，经过职场的历练，我才逐渐体会出逻辑的重要性，慢慢尝试着按书中的教导用逻辑的方法去整理思路，并开始尝到了甜头。

再后来，我看了《金字塔原理》，发现这是一本很好的指导人表述、思考的训练手册。思维的技巧，在这本书里得到了淋漓尽致的展现。

如今，我才明白，一旦你熟练运用金字塔原理，它就会渗透到我们的工作乃至日常生活中。最初，它也许仅仅是帮助我们思考的工具，慢慢地它终将成为我们思考时的本能，成为藏在大脑之中的一种习惯。

在职场摸爬滚打近 10 年，我感觉，不能准确表达自己思想的人是没有前途的，工作效率也往往取决于我们的交流能力，有再好的头脑，不会表达思想也将一事无成。PPT 就是一个很好的案例。有不少创业者凭借着出色的 PPT 拉到了风投，有些公司则依靠 PPT 和发布会吸引了不少支持者。

所以，只要我们照着金字塔原理去表达和思考，我们就能提升自己的职场竞争力。

在生活中，我们应该如何利用好金字塔原理呢？

一、灵活运用逻辑工具

为了让金字塔原理更严谨有效，你还必须掌握三种逻辑工具：演绎、归纳和前言结构。一般来说，演绎和归纳是最常见也最容易理解的逻辑工具。

演绎就是先有大前提，再说小前提，然后推导出结论，也就是典型的三段论。

例如：大前提是，人都会死。小前提是，苏格拉底是人，那么，可以得出结论，苏格拉底会死。

归纳是将若干类似现象汇总，得出结论。

例如：部门里有三个人，小红 4 月全勤，小明 4 月全勤，小静 4 月全勤。那么，可以得出结论，部门 4 月全勤。

前言结构即按情景、冲突、疑问模式，三者按顺序说出，有时还会引出回答。很多序言都用这种写法，所以书里把这叫"前言结构"，此法写文章和叙事时也常常被用到。比如说，你先设置一个场景——眼看就要提交报告了，你的工作却没有完成，这就引发了冲突。为什么会这样？因为你有拖延症。这部分是疑问。那么，如何对付拖延症，书中有答案，这就是回答。

二、确定逻辑顺序

建立起大框架后，我们有必要对具体的逻辑顺序做梳理。在处理逻辑顺序时，主要有以下四种方式：

1. 演绎顺序。就是我们前面提到的大前提、小前提、结论。

2. 时间顺序。基于时间线，事物会有第一、第二、第三的线性推进，它们之间会存在因果关系。

3. 结构顺序。本着"相互独立，完全穷尽"的原则，对事物进行排序，要么并列，要么总—分—总，这个取决于实际情况。

4. 重要性顺序。在不同的情景中，每个事物的重要程度不一样，有最重要、次重要、一般重要之分。当你明确了逻辑顺序，你只需要往里面填充材料就可以了。

三、表达的时候，少用文字，多用动作和表情，多用图片和视频

在一万年前，人类在认知上发生了一次伟大的革命：从语言表达进化到了文字表达。但是随着图片、视频等新载体的出现，我们越来越享受视觉上的输入与输出，反而在文字的表达上，显得干瘪和笨拙。

哈佛大学的一项研究发现，如果一个人在交流的过程中注意控制谈话对象的视线，那么他成功交往并且让别人记住他的概率就会大大增加。这项研究强调了视觉器官的重要性：在人类接收的所有信息中，有 65% 以上是通过视觉器官获得的。

美国心理学家梅拉比安经过大量的分析和研究，提出过一个非常著名的公式：人类全部的信息表达 =7% 语言 +38% 声音 +55% 身体语言，所谓的身体语言就是动作和表情。

四、找到事情的关键

我越来越感觉到，越是厉害的人才，越是能简明扼要地把一件复杂的事情说清楚。

在解决事情之前，我们都可以先在头脑中构建一个金字塔结构，然后将要思考的内容，要传递的信息，以及要解决的问题全部放入这个金字塔，将笼统的概念具体化，杂乱的信息抽象化，梳理清楚大量信息之间的逻辑关系。这样有利于我们掌握信息的重点，抓住问题的关键。这么做，你很容易就能厘清事情的主干脉络，抽离出关键因素。

五、尽量简洁，少即是多

做过 PPT 的都知道，PPT 越短越难写。如果你能够在十页 PPT 之内，把一家公司的上百亿的生意说清楚，那是一件很见功底的事情。能做到言简意赅，说明这个人的思路清晰、文字高效，交流沟通能力强，这样的人是真正的人才。假设坚实的金字塔已经建成，需要交流的时候，应从上到下，从金字塔顶端开始向领导汇报。毕竟，大人物的时间总是有限的。

六、从问题中寻找答案

在遇到问题的时候，我们可以运用金字塔原理来界定问题，从问题中寻找答案。

第一，是否可能有问题或机会？

第二，为什么有问题？

第三，问题出在哪儿？

第四，我能做什么？

第五，我应该做什么？

前两个问题是为了界定问题，第三个问题是寻找问题的原因，后两个问题是寻找解决方案。而前两个问题答案就是文章的序言，后三个问题是金字塔中的思想、观点、论点和看法。我们要聚焦在你能做或者应该做什么上。

七、通过电梯测试来进行日常训练

为了训练员工的逻辑和表达能力，麦肯锡还有一个著名的"电梯测试"，即在30秒钟之内快速组织语言，表达自己的观点。这是麦肯锡员工的基本功。因为，他们经常要在电梯里快速地向客户高层完成汇报，准确地表达自己的咨询结论。对于一些大公司的管理者来说，他们的时间非常宝贵，没有时间去听详细汇报。

电梯测验的好处在于，它能够大大提高语言表达的效率，减少不必要的麻烦。表达者首先要对自己头脑中的内容完全理解，将它们分出层次，明了哪些是重要的，哪些是不重要的，哪些是主要的，哪些是次要的，然后根据重要性将它们排序分类，最后提炼出最精华的内容。在时间有限的情况下，直接点明重点，更容易激起听者的兴趣。在提炼的过程中，我们采用的是由下而上的金字塔思维结构。我们最后提炼出的主要内容就是金字塔的塔尖。

在日常生活中，我们也可以用类似电梯测验的方式锻炼自己的逻辑思维能力以及表达能力，比如在看新闻的时候，对新闻进行分析和概括，提取出最精短的摘要，然后转述给其他人，看对方是否能通过自己的转述明白新闻要表达的主要意思。

相信，在进行多次训练之后，你的逻辑思维能力必然会有一定程度的提高。

掌握沟通的艺术，化解人际冲突魔咒

同事与同事之间，为什么难以相处？上级与下级之间，老板为什么不好搞定？朋友之间，为什么突然之间就有了隔阂？家庭之间，为什么总是会为一些琐事焦头烂额？

只要与人打交道，就会有冲突。冲突，会造成矛盾和误会，但也有利于解决问题，修补漏洞，带来改变。十几年职场中的沟通历练，让我越发感觉到，沟通几乎就是个人能力的半壁江山。一个人如果没有沟通能力，个人能力再强，也很难有大的成就。

心理学家亚伯拉罕·马斯洛提出，每个人都具有五个层次的需求。在关注高层次的需求之前，应该先满足基本层次的需求。对于一个人来说，最基本的就是生理需求，为了生存，我们需要充足的空气、水、食物、休息和性。第二层次的需求则是安全需求，保护我们处于安全状态，免于威胁。第三层次的需求是在生理和安全之上，便是爱和归属感的需求。第四级的需求是自尊需求，每个人都希望自己是有价值的。最高层次的需求，就是自我实现的需求，指的是实现理想抱负，充分发挥个人能力，成为最好的自己。而沟通，是满足各层次需求的必要工具，它比技术性的能力、工作经验和特定学历都来得更重要。经济学家詹姆斯·弗拉尼根说过："沟通技巧将会赢得高薪。一位和共同基金的投资顾客在电话线上交谈的交易人员，应该比一位银行的老出纳需要具备更多的知识、效率及能力。这一类竞争不仅基于薪水，也基于沟通技巧。"

那么，所谓沟通，它的本质是什么？在我看来，就是正确理解别人的意思，清晰表达自己的意思，在此基础上寻求共识与问题解决方案的达成。别看简单，很多人做不到，或不会做、不愿做、不能做。

在沟通的时候，为什么会有冲突和矛盾呢？

每个人的性格和背景不一样，在做事的时候，出发点也就不一样。这个世界，很多时候没有对与错，只有立场和出发点的不同。记得黄永玉先生有这么一句话："坐在汽车上时，骂骑自行车的，骑自行车时，骂开汽车的。"说的就是立场的问题。

在不同的人的眼里，看见的世界也是不一样的。在爱狗者眼里，吃狗肉就是十恶不赦；在商人眼里，狗肉只是商品；而在食客眼里，狗肉只是食品。立场不同，对错评判标准也不同。

去年，《欢乐颂》这部电视剧十分火爆。其中有一个情节让我印象深刻。

　　米雪儿要请假，就找同事关关帮她完成一项工作的后半部分。后来，这项工作出现问题了，但是错误出在前半部分。因为是关关签字确认的，经理批评了关关。关关很委屈，心想，我只是帮忙，出错的又不是我，我要忙自己的事情，哪有那么多时间仔细检查。为什么我帮了别人，还要受指责？此时，米雪儿在一边看着，并没有站出来解围。

　　其实，出了问题之后，经理第一时间找的米雪儿，米雪儿撇清责任之后才找的关关，并当面批评了她。

　　为什么经理这么武断地下结论，不去追查事情的来龙去脉？

　　其实，大家只是从各自不同的职位和不同的角度来看问题。

　　很多人会觉得关关很委屈，觉得她背了黑锅。然而，就如同《后会无期》的经典台词那样："小孩子才分对错，成年人只看利弊。"在职场中，是不分对错，只讲利益的。

　　经理作为一个管理者，她需要的是一个省心的执行者，给她要的结果。她不关心过程，也不关心对错。解决问题，是她当下最重要的事情，至于米雪儿和关关之间的是非对错，她并不关心。既然是关关签的字，那这件事责任在谁，简单明了。

　　米雪儿面对问责的时候，她马上推卸责任，这是出于趋利避害的人的天性。米雪儿当然可以这么做，你不能用自己的标准去要求他人。在职场中，你一定要认识到这一点。

　　作为职场新人的关关很值得同情，但是她总是纠结于事情本身的对错，而不是以结果为结果、为导向，不去思考如何解决问题。这就是典型的职场新人思维。当你把重心从"我"或者"人"，转移到"事情"上的时候，你对利弊就会有不同的态度。这才是职场达人应有的职场思维。

人是环境的产物，在环境的影响下，我们很容易有不同的三观、性格、身份、利益，所以说话办事的时候也就有了不一样的出发点。同样一件事情，在不同的人的眼里，会有不一样的感受；让不同的人来做，往往会有不同的结果。同样的道理，两个不同性格、背景的人在交流的时候，难免会发生一些矛盾。

有人因为婚宴定在中午还是晚上差点离婚，这是因为风俗不同。

有人因为吃西餐不会用刀叉而被人嘲讽，这是因为经历不同。

有人因为作息时间不一致而争吵，这是因为生活习惯不同。

世界上没有两片相同的树叶，也不会有两个完全一致的人。所以，**承认人与人之间的差异，明确人与人会有出发点的差异，这是良性沟通的起点。**

如何处理冲突和矛盾，实现良性沟通？

人际沟通专家罗纳德·B.阿德勒在《沟通的艺术》一书中详细解释了影响沟通的因素，以及如何进行有效的沟通。结合我个人的一些经历，我将一些心得分享如下，帮助大家掌握有效又适当的沟通方式。

一、沟通是有目的的行为，所以要明确目标

"有效沟通"的最重要的前提就是目的明确。否则，就是浪费

时间。

在开口说话之前，你就一定要明确，你是想搞定订单，还是想增进情感，是直接提出升职加薪，还是提出辞职以退为进。

所以，在沟通之前，一定要明确沟通的目标，沟通的时候，不要离题，要有边界设置，否则好不容易达成的情感共振就会被打破，使前面的成果毁于一旦。高效能人士之所以给我们感觉一个人抵得上十个人的效率，秘密就在他们与会时聚焦在核心问题上，在沟通和思考的过程中，不断把问题拉回话题中心。这一点我在自己的实践当中也是深有体会。

二、多谈论对方，而非自己

在沟通的时候，要专注于别人说话的内容，而不是自己如何回答。沟通的核心在于与对方达成共识，是实现对方与你的统一。站在对方的立场与出发点上思考对方与你存在差异的问题所在，才能有效解决统一的问题。

绝大多数的人，都乐于谈论自己，而往往这样的结果是无功而返。我们可以给自己这样一个沟通设定：**沟通是为了解决对方的问题，而不是阐述自己的无奈**。因此，一个较为有用的技巧，就是谈论对方，而不是你自己。

当然，除非对方主动提出，你千万不要主动提一些负面的经历，哪壶不开提哪壶。如果对方反应冷淡，你就应该知道，这个话题对方不感兴趣，应该换一个对方感兴趣的话题。

三、要坚持原则，守住边界，但也要把握坚持原则的方式，懂得留有弹性

在做事情之前，一定要明确：做这件事情的意义是什么，我能接受的底线是什么？

这样，才能确保自己做的是对的事情。

但是在沟通的过程中，需要注意的是，坚持原则虽然重要，但坚持原则的方式与保留弹性一样重要。毕竟，我们除了做对的事，还要考虑怎么把事情做对。

原则性不强的人，会沦为老好人。但原则性太强的人，总会忽略别人的感受，过于在意原则，不会换位思考。

为什么在一个公司里面，法务和财务总不招人待见？因为他们都太讲究原则，显得冷酷死板，所以自然招人讨厌。

四、放下表面的立场

绝大多数的人，但凡是在与人沟通时，在一开始就会不由自主地选择一个具象的立场。表面而具象的立场的存在令我们变得无法沟通。

我有一个同学，最近夫妻关系比较紧张。为什么呢？很简单。他们的工作都很紧张忙碌，下了班之后，都不想动弹，回到家后，都希望对方迁就自己，都想得到对方的呵护和关心。然而，两个人都不想让步，长此以往，小吵天天有，大吵三六九。我同学诉苦说，我是家里的顶梁柱，我累死累活，在外面整天装孙子，撑起这个家，回到家里，家里乱糟糟的，连口热饭也吃不上，我就不能享受一下家庭的温暖吗？他妻子也振振有词，我也在挣钱养家，我上班也很

累的，你一个大男人就不能大度一点吗？之前恋爱时的那个你哪儿去了？

如果你给自己设定了立场，你就会发现，事情已经扯不清楚了。我们有必要时刻提醒自己：沟通不是为了宣泄情绪和表达立场，而是在于寻找解决问题的途径与方法。

如果不想陷入立场之争，就要坚持一个最基本的沟通原则。

这个原则就是：尊重事实，尽可能地只说事实，避免为情绪所左右。

当一个人能学会在沟通中尊重事实、就事论事，追求问题的解决时，他几乎就很难被诱惑、激怒和利用。

五、确保双方真正理解彼此的意思

很多时候，起码有一半以上的沟通，都是没能理解对方意思的无效沟通。

看似在讨论同一件事情，实际上双方所表达的意思却是南辕北辙；

看似在进行激烈的争论，其实两个人的理解根本不在同一个维度上；

各持己见的两人都试图说服对方，到最后才发现他们的意见其实是一致的。

所以，**在沟通的过程中，你可以用总结概括或者复述的形式，反复向对方确认，你是否理解对了对方的意思**。交流处于双方彼此"理解"的前提之下。

六、寻求共有应答

那么，什么是完美的沟通？好的沟通有没有标准？

美国心理学家罗伯特·J.斯腾伯格完美地给出了答案——"共有应答"。

什么是共有应答?

举个例子,一对彼此爱慕的男女在河边散步,女生无意中哼起了一首歌,男生露出微笑,也跟着哼唱了几句。他们相视而笑,然后接着哼唱,彼此都感到很惬意,并意识到对方都很享受这种互动。

在人们相处的时候,双方在关系中感到安全、可靠和轻松,这种状态就是共有应答。

共有应答,也是沟通的终极目标。好朋友之间为什么沟通顺畅融洽?因为已经提前设定了共有应答,所以沟通起来很放松。

要和对方实现共有应答,就要懂得对方的想法,要站在对方的角度去看问题,去尝试爱上对方所喜欢的东西。

比如,你在看 NBA 的时候,你希望女朋友也喜欢上篮球比赛,两个人一起看球赛,感觉会更加开心。但是,你有没有尝试过喜欢上女朋友喜欢做的事情呢?比如说逛街。你可以去试着感受一下她逛街时的乐趣所在,找出她的愉悦点。深切地了解了对方的想法,在适合的时机陪她做她喜欢的事情,让她感觉到你也喜欢做她喜欢的事情。

这也就是同理心,即把自己当别人,把别人当自己,把自己当自己,把别人当别人。这个能力非常重要,以至于有些学者认为同理心是最重要的沟通能力。

所以,只有拥有同理心,你们之间才能产生情感共鸣,实现共有应答。

七、正确地提出批评和反对意见

很多人不知道如何科学地提意见。很多时候，矛盾和冲突往往来自不恰当的批评。关于这个问题，我有一个不错的解决方案。

我有一个朋友，是一家公司的CEO。在员工眼里，她是个典型的铁血型老板，总觉得员工不够努力。

有一次，我忍不住提醒她："作为老板，应该让员工自动自发地工作，不要像老鹰捉小鸡那样，整天盯着他们，长此以往，员工也会做样子应付老板，何苦呢？你要以结果为导向，事情做好就行了，至于过程大可不必在意。管理一个公司，要有老板思维，不要有小主管思维。"

这一番话，我自认为说得很诚恳，是朋友之间的知心话，没有任何不妥之处。

结果，过了一个多月后，在一次聚会上，我在向别人介绍她的时候，说："这是××公司的老板。"结果朋友马上呛我："哪里，我只不过是个小主管罢了。"

看来，虽然过去一个多月了，但"小主管"这个词她一直记在心里。

人都有自尊心的，所以批评一个人或者提意见需要技巧。

那么，如何得体地向别人提意见呢？为此，我请教了一个长辈。他的意见是，不要用肯定—否定，或者否定—肯定的方法，更不要从头批评到尾，最佳方式是三明治法，也就是总（肯定）—分（建议）—总（肯定）的方式。从我的使用效果来看，这是在不了解对方的情况下最稳妥的方法。

人们很少意识到，自己生活中的很多问题都和沟通有关。我相信，在未来世界驾轻就熟的人，一定是对基本人性和客观世界充满洞见的人，更是在人群中长袖善舞的人。沟通能力，不仅影响着身边人际关系的走向，还决定着我们获得幸福的能力。

好了，今天我们和大家分享了：承认人与人之间的差异，明确人与人会有出发点的差异，这是良性沟通的起点。沟通是有目的的行为，所以要明确目标。沟通是为了解决对方的问题，而不是阐述自己的无奈。学会多谈论对方，而不是自己。要坚持原则，守住边界，但也要把握坚持原则的方式，懂得留有弹性。放下表面的立场，确保理解的达成，在此基础上寻求共有应答，能让我们尽可能少地减少冲突。

成为说服高手，影响他人而不是被他人影响

人和人之间总是充满着差异，哪怕是最日常的口味问题上，都会有豆腐脑的甜咸之争。所以，人们总是会遭遇各种分歧。在这种情况下，我们需要通过说服来解决问题，达到自己的目的。

在当今社会，说服能力是人们的必备能力。无论是政界要人，还是商场精英，无论是销售人员，还是普通职员，都需要通过说服来开展工作，成就事业。

苹果公司创始人乔布斯，是一个具有超强说服能力的天才。为了把百事可乐的营销高手斯卡利挖到手，乔布斯只用了一句话，就打动了对方："你是愿意一辈子卖糖水，还是去改变世界？"果然，此言一出，斯卡利下定决心加盟苹果公司。

在当今社会，你可以去说服别人，也可以为人所说服，你可以引导别人，也可以被别人引导，至于你要做哪一种人，就全看你的说服能力。说服能力强的人影响和改变他人，而说服能力弱的人则只能被影响和被改变。如果能够练就超强的说服能力，便能成为趋势的带动者而不是跟随者，便能掌握住自己的人生方向。

大多数时候，我们并非不够优秀，或者不够诚恳，我们缺少的只是说服他人的能力。

在日常生活中，夫妻间争吵之后，如果一方可以说服另一方放下芥蒂，将怒气释怀，很多婚姻就不至于无可挽回；在面试中，优秀的人可能不善言辞，无法说服面试官，结果与心仪的工作失之交臂……如果人是孤岛，那么说服则必定是沟通孤岛的桥梁。

英国著名哲学家罗素说过："人类特有的能力是说服别人或被别人说服。"

在生活中，有一些人很容易被说服，经常被骗。这一类人主要有三个特点：没有主见，容易听信他人的意见；容易被暗示，容易轻信迷信或算命的；内心极易不安。

如果你符合上面三个条件中的任意一条，就说明你很容易被说服，也容易被他人欺骗。从说服者的角度来看，因为这一类人面对对方的说服抵触力很低，所以说服者可以轻松地成功说服他们。因此，要学会通过看对方是否具备以上三个特点来判断对方是否容易被说服。

对于现代人来说，说服能力是必不可少的能力。19世纪美国废奴运动领袖、演说家弗雷德里克·道格拉斯就曾经说过："如果我能说服别人，我就能转动宇宙。"

我曾经遭遇过一个说服高手。

那天，我推着购物车，从超市的水果区经过，打算买点水果。我看到，苹果主要有两种，一种是普通的红富士，6.99元一斤，一种是精品红富士，12.99元一斤。作为一个凡事讲究性价比的人，同样的东西，我从来都是买相对便宜的，因为在我看来，它们的品质差别并没有价格差异那么大。我在水果区随便逛了逛，也没打算买苹果，正准备走开，就被一位做促销的超市大妈叫住了："尝一下吧，苹果很好吃的。"

我犹豫了一下，因为我并不打算买，而且我也不太喜欢免费品尝食物。

超市大妈见我犹豫，马上热情地从盘子里用牙签扎了一块苹果给我："没事，吃了不买也没关系。尝尝吧，又脆又甜。"

于是，我就不客气地接过苹果。一口吃完，觉得真的还挺好吃的，浑然不觉已经进入了说服流程。

大妈见我对口味认可，就拿起一个精品红富士说："味道不错吧！很多老外也来买的，你闻闻，这苹果香吧？"

我闻了一下，挺香的。

大妈又拿起旁边的苹果："你看，这个就不香吧？这是用药催的。不像我们的苹果，都是在树上养足月了才摘下来。"

她这一番展示和说辞，是在通过产品对比来打消价格异议，加强购买意愿，以"很多老外也买"来提升可信度。

我一看，心想也是，贵有贵的道理。于是，在大妈的指导下，挑了几个苹果。

大妈马上给我拿了保鲜袋，装好苹果，然后拿起袋子说："我帮你去称重吧。"

大妈这一举动，消除了潜在的不利元素（毕竟有些人会嫌贵，或者嫌麻烦，直接不买了），巩固了说服成果。

称完重后，大妈继续说："这个苹果很好吃，就是有点贵，但是销量一直不错的。"见我没有什么异议，就指给我方向，"收银台在那边。走好。"如此一来，再次巩固成果。

　　整个说服过程行云流水，一气呵成，我的心理防线在不知不觉的情况下就被攻陷了。在她的引导下，我买到了满意却不在计划之内的苹果。这个大妈堪称说服高手，整个说服过程中都没有提出购买要求，而是我自己心甘情愿主动购买的。这一系列说服手法，堪称教科书。果然是高手在民间，让人不得不服。

　　买了贵的苹果之后，我在想，为什么很多销售还停留在隐瞒、欺骗、忽悠的水准上？这一点，不妨多向这个超市大妈好好学习。掌握了说服技巧，你会发现，销售真的很简单。

如何成为一名说服高手？

　　那么，怎样才能成为一名说服高手呢？下面我就结合我的个人看法和著名说服力专家罗伯特·B.西奥迪尼的《说服力》这本书谈一谈，如何成为一个说服高手。

　　一、利用互惠原则，以情动人

　　美国心理学家加根博士曾经尝试过下述实验：

　　A、B、C、D四个人在一起玩扑克牌，当天D的手气糟糕透顶，最终输光了手中所有的筹码。此时，剩下的三人同时提议借钱给D。但是，三个人对D提出的条件各自不同。A说，不用还钱；B说，算上利息就借；C说，借给你多少你还多少就行。

　　你猜，D对谁最感激？

结果表明，D 对 C 最为感激。

人类有不愿欠别人人情的心理。借了多少就应该还多少，这是人类很自然的心理表现。像 A 那样直接说"不用还了"，反而会让人产生心理负担。所以，若是碰到多次来访，或是风雨天上门的推销员，当感到内心有愧的那一瞬间，你就已经陷入对方的圈套之中了。

这种心理，在心理学上叫作互惠原则。人们总是担心因为受人恩惠而亏欠对方，因此在受到恩惠之后，总是寻找方式回报他人。在实际的人际交往中，互惠原则作用非常大。有时候，人们为了不欠人情，宁愿主动拒绝各种恩惠。改善人际关系的一个最重要的方法，通常就是为别人提供方便，虽然并不能立即得到报答，但你已播下"恩惠"的种子，"正常人"是会记在心里的，并将在未来的某个时刻给予回报。

所以，高明的说服策略应该从情感上打动对方。心理学上的一系列研究表明，如果你能让对方产生情感触动，说服就更为顺利。因此，任何说服活动，都不应该离开情感这条主线。如果能够成功利用对方的情感，那么，对方就很容易相信情感想让他们相信的东西。

在生活中，情感攻势也是非常有效的一种说服方式。销售员最主要的工作就是到处奔走，拜访客户。在销售界有一个诀窍，拜访客户的时候要专挑雨天或雪天。

为什么销售员要使用这种方法呢？

因为如果对方多次亲自上门或是在行动不便的雨天、雪天上门拜访，客户就很容易产生愧疚心理，为此感到抱歉和愧疚。如此一来，销售才更容易成功。

一位营销学专家说："我们以为人们在进行交易时会以理性做出决策，但经过进一步研究，却发现其实是情感在做主导。"可以说，没有情感因素的购买活动是不存在的。同样的道理，没有情感因素的说服，很难让对方心悦诚服。

二、灵活运用"冷热水效应"

在心理学上，有一个"冷热水效应"：假如有三杯水，一杯凉水，一杯温水，还有一杯热水，温水保持温度不变。先将手放在冷水中，再放到温水中，会感到温水热；先将手放在热水中，再放到温水中，会觉得温水凉。同一杯温水，为什么会给人带来两种不同的感觉？之所以出现这种情况，是因为人人内心都有一个标准，但是这个标准并不固定，会随着情况的变化而变化。

所以，在人际交往中，要善于运用这种冷热水效应。如果先让对方尝尝"冷水"的滋味，就会使他心中的标准和期望降低，即使没有得到"热水"，也会为得到"温水"而感到满意。

一家公司销售部门的经理，因为工作上的需要，打算让家住市区的一位销售员去郊区工作。这个推销员家庭观念很重，如何说服他，很让部门经理头疼。终于，他想到了一个好办法。

在找推销员谈话时，经理说："公司决定由你去负责新的重要工作。有两个工作地点，你可以任选一个。一个是在外地的分公司，一个是在郊区。"销售员虽然不愿离开市区，但也只好在外地和郊区当中选择了郊区。如此一来，经理并没有多费唇舌，销售员也认为选择了一个比较能够接受的工作岗位。问题得到了圆满的解决。

在这个故事中，"外地"的出现，缩小了销售员心中的期望和标准，从而使他顺利地接受了郊区的工作。

对于这种情况，有一句话描述得非常到位："如果有人提议在房子的墙上开一个窗户，往往会遭到众人的反对，从而无法如愿。可是，如果提议把房顶扒掉，众人则会做出让步，同意开个窗口。"这个精辟论述，就是冷热水效应的巧妙应用。

三、利用承诺和一致性原则

这个原则可以细分为几个小技巧。

循序渐进技巧：在寻找他人帮助时，要求越小，越容易得到别人同意。比如，你要找人说事情，就可以说："我们能聊几句吗？只要几分钟就好。"找人帮忙，你可以说："你能帮我个小忙吗？一小会儿就好。"举一反三。如果你提的要求不是举手之劳，那么你可以先提出一个对方很容易做到的小要求，过段时间再提出一个大要求。这样，对方出于一致性原则，比较容易接受。比如，电话问卷调查的时候，先问一些简单的问题，之后再问麻烦一些的问题。

标签技巧：先给对方贴个标签，表明他具备的个性和特点，再提出符合该标签特点的要求。为了名副其实，对方往往会答应。比如，你可以在给下属安排工作的时候说："我知道你很细心，这个任务由你来做，比其他人更合适。"

积极承诺技巧：这个技巧的重点是让对方做出承诺，书面承诺好于口头承诺。一旦做了承诺，对方会觉得自己有责任履行承诺。比如，你让客户自己写下预约时间，让员工自己写下承诺要完成的工作内容。

四、利用人的潜意识，会让你事半功倍

意识可以人为控制和影响，但潜意识却不能。就像在购物的过程中，有意识的思维使我们选择了应该买什么，但是潜意识却决定了我们喜欢什么。所以在购物的时候，我们往往会受潜意识影响，买了性价比不高但自己却很喜欢的东西。

1957 年 9 月，美国心理学者米迦里推出了潜意识广告。米迦里使用自创的投射装置，于电影院中的影片放映期间，每隔五秒便做 1/3000 秒的投射，重复投射可口可乐和爆米花的广告词达 69 次。6 周实验成绩的平均结果为：爆米花的销售量增加了 18.1%，可口可乐的销售量增加了 57.7%。对于 1/50 秒的曝光，一般人都很难有所察觉，所以，做 1/3000 秒的曝光投射，观众们完全意识不到。这就是"看不见的广告"。虽然观众无法意识到广告的存在，但是销售额的大幅增加，也就证明了这对观众产生了暗示的效果，可以说是把无意识的暗示运用于商业推广的一大发明。

具体来说，潜意识说服主要有下面两种方式。虽然简单，却十分实用。

第一，预设框架，二选一法则。在日常生活中，优秀的说服者非常懂得如何巧妙地利用二选一法则说服别人。例如，你想邀请朋友一起去看话剧，如果你问"我们一起去看话剧，好不好"，那么很可能会得到否定的答案。但如果你问"我们是周五去看话剧，还是周六去看"，这样却可以大大增加成功的概率。

这种技巧的关键在于，你提供的两种或者多种选择，都是对方不排斥的。

第二，对比原理。对比原理是一种潜意识说服，应用于生活与事业当中效果非常明显。

有一个美国小女孩，想买一辆自行车，就利用业余时间去卖饼干。结果，她打破了公司的销售纪录。专家通过研究发现，小女孩使用了对比原理。她准备了一张价值三十块钱的彩票，每次敲人家门的时候，告诉对方自己想通过卖彩票赚钱买一辆自行车。人们都觉得彩票太贵，但当小女孩转而推销二十美分一包的饼干时，人们都纷纷掏腰包，支持她的梦想。她就是运用对比原理，一下子卖掉了不少饼干。对比原理最适用于与数字有关的问题，这样人们很容易就能做出判断。

利用人的潜意识，不但事半功倍，最重要的是让对方觉得，他做出的决定是基于自己的意愿，而不是你的有意引导。

五、利用人的从众心理

在生活中，当人们拿不定主意的时候，他们往往会倾向于随大流，或者跟随他人的选择。

如果你是一名导购，顾客面对多种产品不知道如何选择，假如你暗示顾客，之前的大部分顾客都是这么选择时，他们往往也会跟随。如果产品都差不多，那么他们往往会选择有名人代言的那个。

当选择太多时，人们会被决策过程所困扰，而对产品失去兴趣。当海飞丝的品种从 26 种减少到 15 种后，销售量反而上涨。所以，不要给他们太多的选择。

当顾客有高、中、低三种选择时，他们容易选择"中档选项"，高档产品只是为了迎合小部分消费者的需求，同时让次一级的产品看起来更有吸引力。有些餐厅就是这么做的。酒水往往最贵，这样一来，消费的主力军——菜就显得不是那么贵了。拍卖时，起价定得越低越好，让人们产生从众行为，这样拍卖的人多，价钱就抬得高。

不会说话的人讲道理，会说话的人讲故事

喜欢听故事是人的天性。心理专家已经证明，人类的大脑，就是一台故事接收器。通过一个故事，你可以直达人们的内心深处。

大道理人人都不爱听，但通过故事的形式讲出来，听的人才能真正听进去。如果你去听一场演讲，最吸引人的一定是故事式的演讲（比如罗永浩的产品发布会）。换言之，如果讲演者能把大道理转化成一个个生动的小故事，听众不但喜欢听，也容易记住。趋势专家丹尼尔·平克就说过："讲故事的能力将成为 21 世纪最应具备的基本技能之一。"

在当今这个社会，会讲故事，是一种非常实用的技能，既能升职加薪，又有助于演讲谈判，最不济也能逗自己心爱的人开心一笑，增进感情。讲故事的能力如此重要，但并非人人都会讲故事。不过，讲故事是一种艺术，也是一门技术，是可以通过学习修炼出来的。

《故事思维》就是一本教你如何讲故事的书。作者安妮特·西蒙斯认为，故事思维和辩证思维同等重要。辩证思维用来指导思考，而故事思维可以影响执行。作者表达的一个重要观点是：故事的影

响力要远远大于事实和数据，当你想影响别人时，故事是最有力的工具。

会讲故事，能够改变你的思维方式，让你找到一种更好的方式来为人处世。

我经常看 TED 演讲，我发现几乎所有的演讲者在开场的时候，都喜欢先讲一个故事，以此来引出演讲的主题，引发观众的兴趣。

为什么？因为讲故事，总是能让人产生共鸣，总是能调动人的情绪，快速提升人与人之间的关系，增加自己的说服力，获得好的效果。

世上没有绝对理性的人，很多时候大家都会用自己的主观意识去判断一件事情，直觉和情感在人的决策过程中有着重要的作用。

所以，我们不需要告诉别人真相和细节，我们只需要做个讲故事的人。借助故事本身的力量，把我们和听故事的人联系起来，去影响他们，让他们相信我们说的话，采纳我们的意见。

这就是故事的力量。

美剧《行尸走肉》有一个情节就恰好说明了故事的重要性：

为了联合更多的力量一起来对抗强大的救世军，男主角瑞克求见以西结国王，想获得神之国的支持。

然而，虽然神之国也在遭受救世军的奴役和压迫，但是面对人少钱少的瑞克团队，以西结国王还不敢押上神之国的命运反对救世军。无论瑞克他们怎么晓以利害，动之以情，还是无法说服对方。

以西结国王以时间不早了为由，起身就要离开。

情急之下，瑞克讲了一个故事。

"在我小的时候，我妈给我讲过一个故事。有一条去往王国的路，路的中间有块大石头，大家都选择无视它，但是马却会因为石头跌断腿而死，车轮会散架，货物也会损坏。后来，出现了一个小女孩。因为颠簸，她家的一桶啤酒打翻在地上，啤酒流了一地。那是她家里的最后一桶啤酒，也是全家唯一的指望。她只好坐在那里哭。哭完了，她有点愤怒，为什么大石头还在这里伤害别人？于是，她拼命挖这块大石头，手指鲜血直流。最后，她看到石头下面有东西，是一袋金子。大石头是国王放在路中间的，金子也是国王埋的。因为他知道挖石头的那个人，配得上这份奖赏，应该永远过上美好的生活。"

听完这个故事，国王马上改变了态度，邀请瑞克共进晚餐。

瑞克用这个故事向以西结暗示，大石头当然是指救世军，金子是指美好的生活。如果再不挖掉这块大石头，就只能在痛苦中挣扎，永远无法过上美好的生活。瑞克之前说的"为自由而战""为死去的伙伴复仇""改变这个世界"，等等，都不如这个小故事震撼有效。

由此可见，讲一万句道理，都不如说好一个小故事。

讲故事不只是一种简单的方法和技能，更是一种思维方式。

我们要通过深入理解和不断练习，把故事思维方式内化到个人的思维体系之中，增加思维方式的维度，形成更全面的思维框架。多一个角度看问题，就能够多一个层面的考虑，多一个解决的思路。

讲故事为什么更容易影响他人？

讲故事，实际上是将道理、事实、需求等必要信息，从多个维度丰富起来，关注人们的情感因素，关注细节，让人们能够从听觉、视觉、情感、想象等多方面来共同体验，得到多层次的感知。这些融入信息的故事与单纯的信息之间的差别，就如同交响乐的丰富层次的听觉享受之于单一乐器的听觉享受。当人们得到多维的丰富感知时，更容易体验到"身临其境"的认同感，也就更容易被影响。

另外，人都是有感情、有情绪的，很多时候并不能完全按照冷冰冰的大道理去做。所以，想要影响人，想要说服人，首先需要关注人的情感因素。一个"真情实感，富于说服力的故事"，这让听者从情绪上更容易接受。

有一个知名的故事。一个盲人乞丐在广场乞讨，用一张纸板写着："我看不见。"但是路过的人没几个往罐子里投钱。一位好心人停下来，将纸板上的字改了一下。结果，乞丐装钱的罐子很快就满了。为什么？因为这位好心人写的是："春天来了，我却看不见。"

"我看不见"只是一句很平常的陈述，人们对盲人乞丐也见怪不怪，所以很难对乞丐产生同情心。然而，好心人的简单改动，却使得乞讨这件事具有了故事性，人们很容易因为这一句话产生同情心，从而慷慨解囊。

由此可见，故事，是人类历史上最古老的影响力工具。简单却十分有效。

我们要讲什么故事？

故事大师安妮特·西蒙斯是将故事思维应用于商界的第一人。《故事思维》是她的一本重要作品，被誉为在商界推广故事技巧的"圣经"。

安妮特·西蒙斯认为，每个人一生必须讲好6个故事：

一、"我是谁"的故事

故事可以体现个人的性格，传达价值观，让别人明白我们是怎样的人，是做什么的。和投资人面谈的时候，这个故事基本很大程度上决定了他是否投资你。

二、"我为何而来"的故事

警觉是人的天性，人天生对陌生的人或事有着警惕心理。很多时候，即使你本意是好的，别人也会怀疑你有所企图。所以，要是你讲的故事有所企图，不如向听众坦承你的意图，再讲述你的故事，反而更容易得到听众的支持。

三、"愿景"的故事

人要有愿景、目标，这样生活才有意义，我们的努力也有了价值。如果我们想最大限度地影响别人，就要学会讲愿景故事，打动他人，引发共鸣。正如一句话所说的："如果你真心想做一件事，全世界都会来帮你。"

四、授人以渔的故事

我们讲故事，不仅要使人获得技能，更要懂得让他们如何学习技能。

工作中，上司传授下属技能；培训时，主讲人希望参与培训的人能够掌握知识……这些讲授不仅要让人知其然，还要知其所以然。既授人以鱼，又授人以渔，故事无疑是一种自然有效的方式。

五、自己经历的故事

最好的故事就是你自己的故事，也更容易让人信服。如果想让别人接受你的主张，最好就是讲一个能打动他的故事。

在这方面，罗永浩堪称大师，各位可以看看他是如何讲好自己的经历的。

六、"我知道你们在想什么"的故事

有时我们在与人相处时，对方心中或者有担忧顾虑，或者有不同的意见想法，也可能对你有成见、有情绪。故事可以帮助我们委婉表达想法，巧妙打消顾虑，消除分歧，改变态度，避免正面冲突。

如何讲好一个故事？

讲故事是一种思维，也是一种技巧。下面 8 条经验，是我从书中总结提炼出来的，结合我个人的一些观点，希望能对大家有所帮助。

一、题材新颖，不落俗套

什么是好故事？

一个女人亲了一个男人，说我爱你，是差故事。

一个女人亲了一个女人，说我恨你，是好故事。

所谓好故事，就是情理之中，意料之外。要合情合理，却又出人意料。而差故事，就是情理之外，意料之中。

所以，一个故事要让人记得住，就不能落入俗套。别人讲过无数遍的东西，就很难出彩了。要是你能讲一讲大家感兴趣的新鲜东西，就算成功了一半了。

二、故事要有时间、地点、人物，要注重细节，这样的故事才更真实

有人在华盛顿遇到一个海地出租车司机。司机分享了他祖父最喜欢的名言："虐待马儿的人，终将自己走路。"这样的故事，为什么能吸引人，因为它包含了时间、地点、人物、行为和结果元素。

三、故事要有条理，更要有节奏

合理的节奏和适时的停顿，可以调动听众情绪的波动与共鸣，为你的故事加分。

奥巴马是最会讲故事的总统之一，听他的演讲，听众都能跟着他的节奏往前走。更重要的是，他明白该什么时候用高亢的语调，什么时候用低沉的语气。当讲到一个需要思考的问题时，他会停顿，留给听众思考的时间。

四、讲故事，也是一种表演

在讲故事时，你的身体和语言就是一个完整的剧场，包括舞台、演员、服装、音乐以及动画，你传达给听众的，绝非只有语言，而是一个集合了听觉和动态的综合表演。你必须运用各种因素来"演"好一个故事。

首先，要入戏。

跟演戏一样，你得先入戏，你的情绪得到位，情绪如果不到位，你的语气就会出卖你。如果心里很悲伤，如何能演好一个快乐的角色？因此，你的情绪和你的故事所要表达的情感不能冲突，这样观众才能相信你。如果你能把听众带入你的情绪里，那么，你讲的故事一定是成功的。

其次，善用身体语言。

比如手势、面部表情、仪容仪态。你的身体仪态，表明了你的情感状态，如果这些元素运用得好，可以为你的故事加分，提升故事的效果。

总之，你要达到的效果就是让你的听众看到、听到、摸到、闻到、尝到你的故事，要让他们身临其境。

五、把最重要的东西放在最后面

《你的剧本逊毙了！》里边指出了一个讲好故事最简明的方法：把最重要的词放到句子的最后，把最重要的句子放到段落的最后。

书中举了一个例子：罗伯特的妈妈去世很多年了。有一天，爸爸得了绝症。等到他父亲过世后，罗伯特就能继承一大笔钱了。罗伯特想找个女人跟他一起分享这笔财富，他去了一家单身酒吧，四处打量，最后目光聚焦在一个女人身上，她的美让人无法呼吸。

"现在，我只是一个普通人，"罗伯特走向她，对她说，"但是一两个月以后，等我爸爸过世了，我就能继承两千万美元的遗产。"

那个女人就跟着罗伯特回家了，四天后，她成了他的后妈。

这个例子并不好笑，但很好地说明了包袱顺序的重要性。

如何在众人面前做演讲?

演讲,如今在我们的生活中变得越来越普遍。那么,一个没有任何演讲经验的人,如何做到第一次演讲就能出彩?

新东方名师、生涯规划师,也是磨铁的畅销书作者古典老师,他的课不仅风趣幽默,还充满智慧,一直深受人们欢迎。关于如何做演讲,他给了一个建议,简称"三下"原则,非常简单,却实用。

哇一下:这部分内容,要么开眼界,要么令人惊叹,要么让人觉得炫酷,要么让人觉得新奇!

乐一下:这部分内容纯粹是为了营造轻松的气氛,从而让听众更容易接受自己的观点。幽默是高水平演讲不可缺少的元素,你可以事先设计一些笑点和包袱,让观众开心。

学一下:这部分内容,要求你说出你的经验、知识等干货,让观众觉得有所收获,能够指引他们的生活、工作。

所以,在准备演讲内容的时候,要尽量为达到这三个目的而设计。如果能够做到这三点,那么演讲效果就有了保证。

如何训练讲故事的能力?

很多人觉得编故事很难。其实,只要平时多加训练,一点儿都不难。最后,我给大家推荐一种训练编故事能力的方法。

你们可以为自己准备四五个纸盒,每个盒子里放着不同的字条,上面写着各种词语。有的专放人名,比如小明、小红,等等;有的写着不同身份的名字，比如白领、美女、乞丐，等等；有的写着不同的场景，比如海滩、公园、学校、饭店，等等；有的写着不同的动作，比如驾驶、决定、想象，等等。

当然，你也可以准备更多的盒子，分类也可以更细，词语也可以更荒诞，反差可以更大一些。

从每一个盒子里，抽出一张字条，然后组合在一起，就成了你给自己出的故事题目。比如，小明 + 消防员 + 饭店 + 奔跑 + 金枪鱼。你就以这几个条件，来完成一个故事。你最好写出几个不同的故事，然后通过不断比对调整，得到你觉得最为有趣、新颖、靠谱的故事。

掌握身体语言，甚于拥有超强说服力

去年，王宝强离婚案闹得沸沸扬扬。这种年度八卦，贡献了无数条"10万＋"文章，刷爆了朋友圈。

我也跟着看了一些热点文章，然后，发现了一个问题。从照片来看，感觉王宝强有点剃头挑子一头热，两个人早已貌合神离。比如，接吻的时候，王宝强是投入的，而马蓉更像是在敷衍。合影的时候，王宝强和马蓉虽然位置是挨着的，却给人的感觉不亲密，马蓉和经纪人反而看起来更像是一对儿。

看到这里，我不由得感叹，王宝强要是懂一点身体语言，事情也不会闹到这一步。

早些年，身体语言类的图书是市场热点，因为职业的原因，我也买了几本相关的图书来看。读完了才发现，身体语言非常实用，值得我们学习。后来，我渐渐成为了一个喜欢观察的人。在生活中，别人的一个轻微的动作，一个不易察觉的表情，有可能就是胜负手。

比如，一个男生弯腰去捡一个女生脚边的东西。此时，如果女生没有闪躲，说明她对你有意思，至少是很信任你。

身体语言的玄妙远不止这些。一旦你破解了身体语言的密码，你就能快速判断对方是在假笑还是真笑，别人有没有说谎，客户是不是在敷衍你，对方如果对你有意思会有什么动作，等等。

算命先生在我们的生活中屡见不鲜，人们都知道算命是没有科学依据的，但是有些人对它深信不疑。难道他们真能预测未来吗？当然不是，真要如此，他们为什么不预测彩票中奖号码？但是，那些喜欢算命的人则认为，大仙明明说得很准啊。

那么，算命先生是凭借什么诀窍来说服人，他们有着什么看家本领呢？

其实，很多算命先生都是一些通晓"身体语言"的高手，善于察言观色，并有着高超的说服力。

去算命的人，一般开始还是抱着将信将疑的态度，内心还是有一种自我保护意识，对算命先生也多少有点提防。初来乍到的时候，你的动作也许是这样的：下巴向脖子收缩，双臂交叉在胸前。算命先生一眼就发现了你处于防御状态，这时的他是不会贸然开始预测的，他首先要做的就是突破你的心理防线。

算命先生的把戏是这样开始的：他先不说你的情况，而是先自我介绍一番，拜过哪个师父，出自哪个高人门下，或者吹嘘一下自己的出身，顺带介绍一下自己的辉煌业绩，边说边观察你的反应。

在这个过程中，算命先生会通过你的反应搜集到很多对他来说有用的信息，并在内心做综合盘算，接着就会借助一些技巧和经验对你做出猜测，而结果又往往是令你惊讶的，你会觉得他算得很准。

比如，一个算命先生帮人算命时，第一句话就是："我今天算了九个人，都是属狗的。"这时候他会观察你的表情。如果你表示很惊讶震撼，那么他会马上说："加上你，就是十个了。"如果来访者表情淡定，他就会说："但我觉得你比较特别，你不是属狗的，对吧？"

接下来，算命先生就会对你的未来开始大胆猜测。他之所以敢如此大胆，是因为看出来你的戒备心理已经松懈，对他已经开始信任了。即使你有什么质疑，他也会轻松地自圆其说，使你抓不住任何破绽。

了解身体语言，对我们有什么作用？

众所周知，心理活动是由我们的大脑和神经系统控制的。在神经系统中，有一类神经被称为植物性神经系统，植物性神经系统是不受大脑控制的。植物性神经系统只会在遇到特定情况下才会有所反应。比如，当我们遭遇很恐惧的事情时，腿就会不受大脑控制，不由自主地发抖；在撒谎或者感到恐惧的时候，我们的瞳孔就会变小；在感到兴奋的时候，我们的瞳孔就会变大；在我们害羞和紧张的时候，手心就会出汗。这些都是不受人为控制的身体语言的信号。

身体语言，是身体在大脑的指挥下不自觉地做出的反应，这是人的第一反应，是人无法控制的。而说出来的话，一般是经过了思索、反复推敲和加工修饰。所以，身体语言虽然比较隐蔽细微，但往往比说话更真实，更值得解读。

有一次，我在上班的时候，有个女同事突然吓我，幸好我马上恢复镇定了，自己觉得天衣无缝。正在我假装镇定的时候，她说："你就别装了，刚才你明明被吓到了。"我还嘴硬，连忙否认。她说，"我看到你刚才咬肌动了一下。人在受到惊吓时，肌肉，尤其是脸上的肌肉会跳动。"我只好无奈地承认。

如今，社会中有很多人不会表达，要么内敛，要么傲娇。这时候，通过身体语言来判断就更显得重要。有些男生，从来不说爱和喜欢，但过马路的时候却会紧紧牵着女生的手。正应了那句流行语——嘴上说不要，身体却很诚实。

解读身体语言，对于我们最直接的好处是可以了解他人内心最真实的想法。当你掌握了它，你会有一种豁然开朗的感觉。你也许会一下子明白过来，并发出感慨，"原来老板是要告诉我这个意思""我终于明白客户究竟需要的是什么""原来她并没有拒绝我"。

了解身体语言，也可以有效提升我们的人际关系。我们会更加懂得如何与人相处，让别人感到更舒服、更受尊重。

除此之外，身体语言，可以重新塑造一个人的性格。

哈佛商学院副教授艾米·库迪经过研究发现，身体语言影响着他人对我们的看法，但同时它也影响着我们对自己的看法。一些肢体动作可以提高你的自信心，而有一些肢体动作却会让你逐渐走向自卑。

当一个人处于自信状态的时候，他的肢体动作是向外扩张的，整个人都有占满外部空间的欲望。抬头，挺胸，张开手臂，都是自信的动作。而当一个人垂头丧气的时候，整个躯体则呈现出收缩的状态。

所以，艾米·库迪建议我们在面试之前，或者在缺乏自信的时候，可以花2分钟的时间，做出一些可以增加内心力量的肢体动作，比如握拳。她的研究表明，强而有力的肢体动作，能够增加你面试成功的可能。

有兴趣的人可以去看一看艾米·库迪的TED演讲，让人受益匪浅。

当然，了解身体语言，并不是希望每个人都成为刺探别人内心的偷窥者，而是希望在掌握身体语言的情况下，让我们的行为更加合理，不至于让别人感到厌倦，给别人带来不必要的麻烦，同时也可以更好地保护自己。

既然了解身体语言这么有用，接下来，我就谈一谈身体语言在实际生活中的应用和解读。希望各位可以举一反三，能够得到更大的收获。

有些人新到一个公司的时候，或者认识一些新朋友的时候，很想快速拉近关系，却又不知道怎么去做。其实，只要你懂一点身体语言，就可以做到。

在心理学中，有一个喜好原则，意思是说，人们潜意识里喜欢和自己相似的人。这种相似，可以是性格相似，可以是背景相似（校友或者老乡，等等），也可以是姿态上的相似。身体的模仿，能让气氛更加和谐，迅速拉近距离。所以，在相识之初，以身体的模仿来打开局面，是一种不错的方法。

香奈儿品牌创始人香奈儿就是利用了这一原理，成功地打入了上流圈子，扩大了自己的影响力。

在香奈儿所处的时代，那是个界限分明的男权社会。而且，当时的阶层固化很严重，出身贫寒的香奈儿，很难进入贵族圈子，从而出人头地。她必须换个思路，想办法让他人记住自己。

那么，她是如何做到的呢？秘诀很简单，就是与他人保持同步，让别人感觉她和他们是一类人。

大家如果去看香奈儿早年间的照片，就会注意到她穿着打扮的一个特点：在某些场合，她总是穿得和男人们接近。注意：是接近，而不是打扮成假小子。

那段时间，有一位男爵特别好客，经常邀请别人到自己的城堡里骑马、射箭。当时的女生流行穿蓬蓬裙，打着遮阳伞。即使在骑马的时候，她们也是穿着裙子。

香奈儿特别善于利用这种机会。她经常身着衬衣、穿自己改的裤子，扎领带，披着从其他贵族那里借的风衣，显得英姿飒爽。

在这种场合，很多贵族骑马的时候都是照顾女生。大家想想也就明白了，一群爷们儿骑马游玩，本来想纵马奔驰，感受一下战场骑射的感觉，如果带着一群女生的话，只能慢慢溜达，还得一路照顾她们，担心她们出意外，难免会玩得不痛快。但是香奈儿这种打扮，很容易让这些贵族在潜意识里对她放松了戒备，无形之中就增加了一种信任感。

很多人不知道怎么获得别人的支持，往往就是因为同步做得不好。因为他们喜欢说一些负面和反对的话，比如，"这个不行""这样我不喜欢""我不要"。这样，很容易在潜意识里唤起他人的敌意。如果我们要获得他人的好感，就不妨和对方同步，比如说，对方点了一个菜，自己也跟着点了一个差不多的。对方靠着桌子，你也可以靠着桌子。

这个同步的办法，不但适用于每一个人，还可以延伸到爱情里去。通过它，你就可以知道，对方对自己到底有没有意思。

两性关系专家通过研究认为，爱情的产生，要不就是我们认为双方之间有相似性，要不就是我们期望互补。然而在刚开始相处的时候，更多地表现为想相似。

相似性看法认为，最吸引我们的人在很多方面都跟我们很相似：从外表、身高、个性、背景，到音乐爱好、宗教信仰乃至星座，你能想到的都有。情侣之间越默契，他们就越会想着共同建立长期的关系。

研究同时发现，往往在恋爱的初期，恋爱双方会强调相似性，看起来就是在互相模仿。一对热恋的男女，一个人做出某一种身体姿势，另一个人便会相应地跟着做，在5—50秒以内摆出相似甚至是一模一样的姿势。如果你注意到有人重复了你的姿势，你便可以肯定，他和你在一起很自在，还可能被你吸引住了。

如果你发现你和你的心仪对象越来越多地出现了相同的动作、相同的习惯甚至是相同的语调，那么毫无疑问，你们已经彼此用无声的身体语言在表达情意了。

　　每个人都讨厌说谎。如果你和我一样痛恨说谎，那么至少你要懂得一点识别谎言的技巧。

　　如果你发现对方突然有以下几个信号，那么他很可能就是在说谎了。

　　1. 在说谎之前，先加一个"诚实"的形容词，比如"老实说""说真的""和你说实话"。

　　2. 对于谎言的研究发现，大多数的撒谎者都喜欢使用整数。

　　3. 撒谎的人老爱触摸自己。比如用手遮住嘴巴、用手触摸鼻子、触摸眼睛等。

　　科学研究发现，当我们在撒谎的时候，身体中会释放一种名为儿茶酚胺的化学物质，会引起我们鼻子内部的血管肿胀，由于肿胀，我们的皮肤神经末梢会产生刺痒的感觉，会不经意地通过抚摩鼻子来减轻这种症状。

　　4. 快速眨眼。一般情况下，正常人每分钟会眨眼 5—7 次，但是如果一个人说了谎，又害怕被揭穿，精神压力增加的过程中他眨眼的频率也会随之提高。

　　5. 声量和声调突变，说谎者的声音还会不自觉地拔高。说谎时音调升高往往是因为说谎者为了掩饰虚弱的内心。

　　要识别谎言，大概就这么几招。运用之妙，存乎于心。希望在实际生活中，你通过不断总结和思考，成为读心专家。

　　我们每天都能看到他人的笑脸。微笑可以消除他人戒心，减少沟通障碍，缓解陌生感，还可以大大增强我们掩饰的能力。然而，这些笑容有多少是真心的，又有多少是假装的呢？

在现实生活中，"真笑"是因为真的好笑，不过生活中这样的情况并不多。我们的笑容往往是假装做出的。在打招呼、拜访客户、附和他人、缓解尴尬等情况下，我们都会使用"假笑"。那么，如何判断真笑和假笑呢？

从生理层面来说，我们脸部的两套肌肉可以做出笑容的表情，分别是颧肌和眼轮匝肌。法国神经学家杜兴通过研究发现，颧肌可以根据人们的意愿进行伸缩，但是眼轮匝肌只有在人们从心灵深处真正感到快乐的时候才会有反应。当眼轮匝肌被触发的时候，脸上会出现"笑纹"。笑纹一般分布在眼角和嘴角，可以简单地理解为鱼尾纹和法令纹。由于笑的时候皱纹特别明显，所以被称为笑纹。也就是说，当一个人的脸部出现笑纹时，那么这种笑容则完全是发自真心的。如果一个人的眼轮匝肌没有收缩变化，就说明这个冲你笑的人在假笑。

了解了什么是真笑，什么是假笑，你就能够提防身边的笑面虎，从而保护好自己了。

关于身体语言，就暂时讲到这里。对身体语言的了解，需要长时间研究和揣摩。大家如果有兴趣的话，可以去仔细读一读这两本书。一本是英国人际关系大师亚伦·皮斯的作品《身体语言密码》，另一本是美国心理学博士大卫·李博曼的《看谁在说谎》。这两本书我都看过了，在此强烈推荐。如果嫌麻烦的话，推荐看一看美剧 *Lie to me*，里面对身体语言有着专业而生动的表述。

相信看完了这些，你对身体语言的了解会更上一层楼。

第三章　精进篇:

这些决定你五年之后的位置

一万小时天才理论

对于一个人来说，要在这个世界安身立命，能力尤为重要。你需要用记忆力来获得知识，用观察力来寻找机会，用交际能力来获得人脉，用说服能力搞定客户。有没有能力，能力强不强，基本决定了你的人生高度。

那么，你有没有想过，能力是怎么来的？我们又该如何提升自己的能力？了解基本原理，才能有的放矢，走好自己的人生道路。

变化是人生的常态，也是世界的本质。据统计，当今世界90%的知识是近30年产生的，知识半衰期只有5—7年。然而，人的能力就像电池一样，会随着时间和使用逐渐流失。要适应这个多变的世界，我们唯有不断地学习，才能更新和提升自己的能力。**能力决定一个人的起始高度，而学习决定一个人的未来。你唯一的优势是，**

比别人学习得更快。

说到这个，我想起了一件往事。

一次会议间隙，我们和老板聊天。

老板问了我们一个问题，在大学期间，你们获得的最重要的能力是什么？

同事们有的回答是写作能力，有的回答是英语，有的回答是交际能力。

老板笑而不语，摇了摇头。

最后，他才说："也许你们都忽略了这种能力。不知道你们有没有这种体会。大学的时候，每个学期的大部分时间，都不是用在学习上，上网、打球、玩游戏，等等。只有等到快要期末考试的时候，我们才临时抱佛脚，用极短的时间突击复习完几门课程，并在考试中顺利过关。虽然考完试，你们就忘光了复习的内容，但是这种快速学习的能力却留下来了，并将影响你们一生。我也是过来人，我的大学就是这样度过的。现在，公司经常会接到五花八门的项目，要拿下项目，关键就是要在最短的时间里拿出可行的方案。这个时候，也就是快速学习能力发挥威力的时候。你们觉得，我说得有道理吗？"

我们听完，深以为然。

那么，学习的目的是什么？很简单，提升我们的能力。

我们经常说，这个人很有能力，那个人能力不行。那么，什么是能力？如何来衡量一个人有没有能力？

其实，我们所说的能力，一般分为知识、技能与才能三个组成部分。也就是说，要获得某种才能，要经历三个层次的修炼。

如何成为一个有能力的人？

我们可以从这三个方面来论述。

在三个要素中，知识，是最浅显也最容易获得的东西。

如今是信息时代，互联网上的知识多如牛毛，只要你善于搜索，基本都是免费的。我们生活在一个知识爆炸的年代，对于个人来说，知识不会匮乏，反而严重过剩。

正因为知识太多，我们就面临了一些新问题：哪些是有用的知识，哪些是无用的知识？哪些是过时的知识，哪些是经过验证的靠谱知识？这就需要我们有独立思考的能力，对知识加以甄别，合理吸收。

所以，在这个时代，在学习知识的时候，谁能学得更快、更多、更有效，谁就更容易在竞争中胜出。

知识，是技能的基础。没有知识，是学不好技能的。所以，知识的差距，也会导致技能的差距。

所谓知识，就是知道 1+1 等于 2，认识 ABCD。仅仅是知道而已。然而，技能则意味着运用，是以是否熟练来判断的。比如，看到一把手枪，你知道这是手枪，这就是知识。知道是手枪，而且还会射击，则是技能。

任何人刚开始接触技能的时候，都是笨拙而滑稽的。英文只有26 个字母，几分钟就能学会，但是没有谁能够一下子就熟练掌握英语。

语言是技能，而不是知识。知识能学到，而技能只能习得。知识学习是瞬间的，知道与不知道之间几乎瞬间完成。但技能则需要漫长而笨拙的学习和训练——如果你不接受自己笨拙的开始，你永远也不会学好任何技能。

也正因为这个原因，很多知识上的强者一直处于知识阶段，无法进入技能阶段。这种人，也就是书呆子，传说中的高分低能。

而当一门技能被反复地操练，就会进一步内化，成为才能。正如你现在打字不需要看键盘，正如你说话张嘴就来不用考虑发音，正如你骑单车不用想着保持平衡一样，这些技能都因为反复修炼，成为了深藏在你身体内的本能，这就是才能。

而才能一旦学会，可以很迅速地迁移到其他技能领域中去。就好比你掌握了钢琴，学习其他乐器，自然也就水到渠成。高手就是这样修炼成的。

让技能升级为才能，我们就完成了最牛的一项能力修炼：才能是自动自发的能力。

无须过脑子就能够直接使用这项技能，它似乎成为你的天生属性之一。一个优秀的射击运动员，每天至少要射击200多次。久而久之，射击对他来说，是一件自然而然的事情，已经成为了一项才能。一拿起枪，就会自动触发。当他走上奥运会的赛场，在他的脑海里，肯定不会考虑"怎么瞄准"之类的问题。

每个人都有个天才梦。《一万小时天才理论》这本书，就试图劝说你，梦想成真是可能的。

为了了解天才是如何形成的，作者丹尼尔·科伊尔拜访了世界上最成功的科学家、足球运动员、战斗机飞行员、艺术家、人才研究专家，寻找其中的规律和共性，最终得出了一个结论：所有的天才，背后都有一个强大的规则在运转。这个规则就是一万小时天才理论。

也就是说，从新手到大师（也就是成为天才），需要一万个小时的专心致志的学习和训练。没有人仅用 3000 个小时就能达到世界级水准，7500 个小时也不行，一定要 10000 个小时——10 年，每天 3 个小时——无论你是谁。

近代作家中，张爱玲简直就是"天才"代言人。她 3 岁时能背诵唐诗，7 岁时写了第一部小说。一位评论家知道张爱玲所写的小说都有生活原型，非常失望。天才是无所不能的，怎么能受经验局限呢？

那么，张爱玲刻意地练习过吗？张爱玲的弟弟张子静在《我的姐姐张爱玲》一书中写道："那时她尚未成名，但谈起写作已像一经验老到的作者……她说：'积累优美词汇和生动语言的最佳方法就是随时随地留心人们的谈话，不管是在路上、车上、家里、学校里、办公室里，一听到就设法记住，写在本子里，以后就成为你写作时最好的原始材料。'"

当你看到她的散文《有女同车》中对所遇乘客对话的细致精确记录，便明白她的小说中的对白为何如此娴熟、生动、熨帖。

在《一万小时天才理论》一书中，作者将能力的升级过程归功于大脑中的一种物质"髓鞘质"，他认为："所有的动作都是神经纤维间沟通的结果……技能线路锻炼得越多，使用得越自如，大脑就能够创造出一种非常有说服力的幻觉：一旦掌握一项技能，就会感到收放自如，仿佛是我们与生俱来的。"这就是知识—技能—才能的形成。

娱乐明星有"明星范儿"，职业经理人有"个人魅力"，投资专家有"精准的直觉",一流的运动员有"看家本领",科学家有"严谨细致的工作态度",都不一定是"天赋",而是经过大量技能练习后,才能与天赋交融的体现。这是练出来的,深入大脑,成为一种本能,才能如此"自动自发"。这也就是所谓:你必须非常努力,才能看起来毫不费力。

在《倚天屠龙记》中,有这样一个情节:

张三丰向张无忌传授一套太极剑法,一路剑法使完,竟然没有一个人喝彩。人们都很奇怪,这么慢吞吞、软绵绵的剑法,怎么对付对手?他们以为是张真人有意放慢了招数,好让张无忌看个明白。

张三丰问张无忌,是否看明白了剑法?

张无忌说看明白了。

张三丰问他,是否记得招式?

张无忌回答,已经忘记了一小半。

张三丰点了点头,让张无忌自己再琢磨琢磨。

张无忌在一边低头默想。

过了一会儿,张三丰再问张无忌,现在怎么样了?

张无忌回答,已经忘了一大半了。

在一旁观看的人都急了,刚学的剑法就忘了一大半,这可如何迎敌?众人就让张三丰重新传授一遍剑法,张三丰就微笑着又演示了一遍。

张无忌看完后,深思了一会儿,告诉张三丰,他已经忘得干干净净了。

众人大吃一惊,只有张三丰大喜过望。

很快，敌人来了。张无忌拿剑迎敌，结果大胜。

在武术对抗中，双方没有固定的动作顺序，而是随机应变，寻找对方的弱点，切不可死记硬背招式。所以，张无忌学太极剑法，不记招式，只是仔细地观看张三丰演示剑法，体会其中"神在剑先，绵绵不绝"之意。看完一路剑法，忘记了一小半。低头默想之后，已经忘记了一大半。再看张三丰演练一遍，经过深思体会，终于忘得一干二净。全部忘记之时，就是学成之时，并将这套剑法转化为自己的才能，用来打败敌人。由记住转化为犹如本能一般，便能不受招式所限，随意出招，自成章法。只有如此，才算领悟到了至高的武术境界——为我所用，随心所欲。

金庸大侠给我们上了一门生动的学习课。

剑招—剑术—剑意，对应我们的生活，就是"知识—技能—才能"。在有限的时间里，"剑法的招式"，也就是知识；"熟练运用剑法"，也就是技能，显然不可能马上掌握。但是，通过了解剑法，了解其中的"剑意"，将其融会贯通到自己的武艺中去，就能大大增加剑法的威力。而才能的核心，就是自动自发、无须感知，所以"剑招"忘记得越干净越好。简单来说，就是张无忌虽然忘了例题，但他掌握了公式和思路，解题自然就能得心应手，随心所欲。

那么问题来了，为什么张无忌能够马上领会剑意？

这个问题很简单。因为之前，张无忌已经严格按照知识—技能—才能的规律，修炼了九阳神功和乾坤大挪移。所谓大道至简，一流的武功在技能上是相通的，只是知识略有不同。当你掌握了知识，熟悉了技能，自然而然也就能升级为才能。当你站在楼顶往下看，你的视野一定比楼下的人开阔。当你在某一个领域做到顶尖，你也很容易掌握另一个领域的知识和技能，在外人看起来，就是一通百通了。

我有一个朋友之前是击剑运动员，后来转为练习剑道。虽然剑道学了没多久，但他就是比很多一起学习的人厉害。之前学习击剑的经历，使得他对距离、时机的判断大大强于其他人。

真正的高手，就是这样修炼成的。

在我们的实际生活中，我们也可以照此行事。在平时，我们不要光盯着才能，而要把眼光放在知识和技能上，多学习，快速学习，多积累知识，多培养技能。通过专心致志的学习，知识和技能足够了，才能自然也就有了。一旦拥有了才能，那么你的人生就如同打通了任督二脉，一通百通，从此一往无前。

现在，发现你的职业优势

记得前几年，有个朋友抱怨说，我现在总是感觉能力得不到发挥，我是不是应该换个工作了？

其实，你之所以觉得自己没有用武之地，是因为你没有找到自己的优势。这个就和打羽毛球一样。当你掌握发力技巧后，就会觉得打球原来很轻松，而且球技也迅速提升。当你找到自己的优势，充分发挥自己的才能，内心才会有成长感。否则，你去任何一家公司都会面临同样的问题。

美国文豪马克·吐温说过一句话："人生最重要的两天就是你出生的那天，和你明白自己为何出生的那天。"对于这句话，我的理解是，人的一生中最重要的两天，一天是你出生的那天，另一天就是你找到自己的优势的那天——当你找到了自己的优势，自然也就明白了此生的目标和使命。

首先，我们要回答一个问题：什么是优势？

优势，说得通俗一点，就是你比大多数人都擅长的方面。这里主要指的是自身能力方面的强项，而不是外在的一些有利条件，比如说房子的位置、优渥的家境。通过研究发现，人类有400多种优势，有些是天赋，例如智商、语言能力等；有些则是经过后天努力形成的技能，比如游泳、口才等。

很多人会觉得很为难：我好像没有什么优势啊！事实并非如此。优势分为两种：一种是先天的，一种是后天的。

先天优势几乎每个人都有，但很难被感知到。搞不清自己的先天优势没关系，只要你不断尝试，去培养自己的后天优势就可以了。后天优势的培养贯穿人的一生，所以任何时候开始都不算晚。

如果你一定要说你一无所长的话，那我只能送你一句话：你并不是没有优势，你只是懒！如果你实在找不到优点，至少你可以做到以勤补拙，努力奋斗。

在生活中，我们总会遇到各种障碍。当你接受了超出你的能力范围的任务时，当你的上司不理解你时，当你被解雇时，当你迷茫时，当你开始质疑自己的价值时，你的优势会帮助你重新定位，给你指明前行的方向。

乔丹是世界上最伟大的篮球运动员之一。取得第一个NBA三连冠后，由于父亲被绑架杀害，心灰意冷的乔丹选择从NBA退役。他想实现父子曾经共同的棒球梦，转而去打棒球。他投入了和篮球场上同等的努力，苦练了1年，打出了20.2%的击中率，但在棒球迷眼中，这是同级别比赛中击球员最低的击中率。

乔丹试图用同样的天赋和能力，在棒球上取得和篮球同等的成功，结果他失败了。乔丹打完一个赛季后，认识到只有遵循自己的优势，才能发挥出自己的全部能量。他虽然有着极高的运动天赋，但他的优势在于篮球而不是棒球。后来，乔丹重回到芝加哥公牛队，再次赢得了三连冠，成为篮球之神。

所以，只有像乔丹一样，发现自己的优势，才能完全释放出自己的天赋，否则也只能向现实低头。

其实，这个世界没有那么多的怀才不遇，大部分人因为没有发现自己的优势，日复一日做着重复的工作，过着简单乏味的生活，一生庸庸碌碌。所谓的成功人士，基本上都是找到并经营好了自己的优势。

关于优势，很多人还有一个误区。

有个著名的"短板理论"：决定木桶容量的，不是最长的那块板子，而是最短的那一块。这个理论影响了很多人，使得人们陷入了一个误区，把过多的精力放在了如何弥补劣势上。

上学的时候，期末考试结束，孩子把分数拿给家长看，家长先是一喜后是一惊：语文 100 分，英语 100 分，数学 30 分！ 99% 的家长会说："哎呀！你数学怎么考得这么差！如果这样下去，你连中学都考不上，就更别提大学了！放假你就别休息了，给我好好补课吧。"

很多人的一生就是这么不停地补短，什么不好补什么，生怕被这些不足拖了后腿。就比如前面提到的偏科的孩子，拼命补来补去，后来数学可能勉强及格了吧，但是语文和英语可能也会相应地下降到了八九十分，变成样样平庸了。

当然，我并不是反对补短，但是要注意适可而止，一旦投入产出不对称，就应该果断放弃。一个人的精力是有限的，如果把时间花在了补短上，也必然会影响强势项目的发展。

如果反过来看，重点关注优势而不是劣势，结果会不会不同呢？

有这么一个学生，特别喜欢语文和英语，对数学却一点都不感兴趣，于是爸爸干脆就让他主攻语文和英语。参加清华大学考试的时候，他的英语和语文满分，数学却是零分，后来被清华破格录取。这个人是谁？钱钟书。

试想，如果没有钱爸爸的支持，如果没有清华校长的慧眼识英才，我们只能再多一个平庸的"钱钟书"，而不会有这样的天才"钱钟书"。

一个人的事业能够达到的高度，取决于最长那根木板的高度而不是最短的那根。所以，与其花 1 个小时在你的弱势上面，不如花 10 分钟在你的优势上面。切记，补短是没有错的，但要适可而止，不可过度。当你拼命地去补短的时候，你最多会成为一个普通人。

最后，不要狭隘地认为"优势"就是指某种特殊的"才能"，品德、性格、习惯，甚至忠诚、关注细节、保守信用、敢于承担责任，都有可能构成你的优势。孔子出名的弟子有 72 个，他们的长处其实也是各不相同的：颜渊以德行闻名，子贡口才出众，子游擅长文学。

早些年，有本书对我的影响很大。这本书就是超级畅销书《现在，发现你的优势》。它给了我很大启发，引导我发现了自己的优势，一路走到了今天。

这本书的作者花了 20 年的时间，建立了一套发现和确定优势的方法，旨在衡量人们的天赋。通过研究，作者认为，在生活中，人可以被分为九种，扮演九种"角色"。

如何提升工作业绩？如何获得能力的增长？如何成为一个成功的管理者？……从以下九大优势角色中找到真正适合你、能够激活你的优势的角色，就可以做到。

第一种，建议者。

这类人是一个注重实效、考虑周详的思考者。在面对困难和解决其他人的问题时，会比其他人更有优势。

第二种，联络者。

这类人是催化剂，能把人或者想法汇聚在一起，让事情变得更好，让人变得更强人、更优秀。在他们看来，世界就是一个关系网，而他们则是一个联络者。

第三种，创造者。

这类人理解这个世界，能够将其分成若干个部分，寻求更好的组织架构，或者创造一个新的架构。

第四种，平衡者。

这类人头脑冷静，他们能使一切保持平衡。

第五种，影响者。

这类人能直接影响他人，并赢得人们的信任，使他们付诸行动。这类人的优势就在于他们强大的说服力。

第六种，开拓者。

这类人乐于付诸行动。发现新事物、体验新东西时，他会特别兴奋。

第七种，提供者。

这类人是润滑剂，能感知他人的情感，给他人提供建议，让他人遵照自己的建议行事。

第八种，激发者。

这类人是其他人情绪的主宰者，觉得对别人负有责任，要让他人的境况有所好转，使他们的能力得以提升。

第九种，教育者。

这类人会因发现他人身上的潜力而激动不已，并努力使他人身上的潜力尽量发挥出来。这种人有耐心、理解力强，而且总是乐于助人。

你可以对照上面的描述，通过慢慢比对，最终找到自己的角色。一般来说，人都是几种角色的综合体，极少会有单一角色的人。比如我，就是影响者—开拓者占主导的混合角色。

当你找到了自己的角色定位，明确了发展方向，就可以开始去了解和发现自己的优势，然后根据需要进行取舍调整，该激活的要激活，该重点发展的就重点发展，该暂时忽略的就暂时忽略。比如，我了解到了自己的角色后，就开始有意识地提升自己的逻辑思维能力、沟通谈判能力以及管理能力。

如何发现你的优势？

找到了自己的角色后，接下来就是发现自己的优势，从而做出有针对性的改变。

每个人都有属于自己的优势。然而，由于它们已经成为你的一部分，所以你很难发现它们。某些事情你虽然做起来得心应手，但你根本不会觉得这是一种独特的能力。正因为它们具有隐蔽性，所以我们需要从生活中的种种迹象来验证自己的优势。

第一种方法：从 4 种信号中确定自己的优势。

1．不假思索地反应

当你做某类事情时，有时候往往凭借直觉就能做出正确的判断，做事也是一气呵成。这方面的优势往往来自天赋和环境的熏陶。

2．学得快

在某些方面，你总是比其他人学得快。很多事情能够无师自通，这是一个重要信号。比如歌神张学友早年并不识谱，他完全是靠自己对音乐的悟性来演唱的。

3．强烈的渴望

从小到大，你内心里渴望着一些事情，或者对某些东西感兴趣，为之着迷。当你看到别人做某件事时，你心里会有一种召唤感："我也想做这件事。"楚霸王项羽年轻的时候在半路上遇见秦始皇的巡游车驾，当时心里想的就是："我可以取而代之。"心里涌起的就是这么一种渴望和使命感。

4．满足感

当你在做一件事的时候，或者完成一件事的时候，内心感到特别满足，浑身都充满激情与活力。如果你签了一个大单后，就和打了鸡血似的，那么你就是一个天生的销售员。

通过对这些信号的比较，确定下来的就是你的优势。

第二种方法：通过"喜欢或不喜欢"练习，来明确你的优势。

这个方法很简单，你在笔记本中间画上一条线，将一页纸分为两栏。在左边这栏写上"喜欢"，在右边这栏写上"不喜欢"。在接下来的一个星期里，你每天随身携带着笔记本，随时做好记录。当你特别渴望去做一件事，或者特别投入地去做一件事，或者当你做完一件事特别兴奋，就把这些记在"喜欢"这一栏下。另一方面，当你发现自己在某件事上拖延症爆发，或者当你做某件事时不能全神贯注，或者做完一件事感觉无聊、烦躁的时候，就把它们写在"不喜欢"那一栏里。

通过收集一周里你的反应，再进行调整和斟酌，慢慢就会找到你的优势。

人生的诀窍就是发现自己的优势，经营自己的长处。美国政治家富兰克林说："宝贝放错了地方便是废物。"就是这个意思。一个人用好了优势，便能顺风顺水，风生水起。然而，一个人如果站错了位置，用他的短处而不是长处来谋生的话，那他的一生恐怕会异常艰难。

所谓优秀，就是坚持好习惯

你早上起来做的第一件事情是什么？你坐什么交通工具上班？工作餐吃什么？一周运动几次？晚上几点睡觉？

我们每天做的大部分选择，很多人觉得是深思熟虑的结果，其实并非如此。科学家发现，一个人每天的活动中，超过40%的内容是习惯的产物，而不是自己主动决定导致的。虽然每个习惯的影响相对来说比较小，但是随着时间的推移，这些习惯综合起来，对我们的效率、健康、职业发展以及幸福有着巨大的影响。简单来说就是，人生是无数习惯的总和。

习惯能够帮助我们以最少的时间和精力完成一些事情。就像你每天早上出门，你用不着思考，就会穿好衣服，系好鞋带，收拾妥当再去上班，这些动作，不费脑子，也不消耗精力，因为它们都已经成为习惯，做起来非常自然省力。

好的习惯，能够在无形中让你成为更好的人，而一个坏的习惯，往往能给你造成很大的困扰。如果你是老烟民，如果你经常坐飞机、高铁出差，你就会明白我的意思。

亚里士多德说过："优秀是一种习惯！"我更愿意把这句话理解为：优秀是因为习惯。如果说人是习惯的动物，而习惯又是我们的命运的话，那就让我们先养成优秀的习惯，再让优秀的习惯引导我们走向圆满吧。

在《思维的精进》这档栏目中，我说的最多的两个关键词是"内化"和"习惯"，这是我们学到的成就我们高效人生的大前提。

听了我的节目的朋友这么问我："我目前所处的咨询公司，水平还是有的，但是领导基本上都不讲理，到底是三、四线城市，不如北、上、广更讲究契约精神，白纸黑字说不认就不认了，经常让人感觉很憋屈。"

我说："这样的情况我也遇到过，我有三点建议：第一，内在的动力高于一切。个人成长，本质上是你自己的事情，你的领导没有义务为你的人生负责。理解这一点，对于排解自己的情绪很重要。第二，真正着眼于你自己的发展，你可以把周围的环境当成一种修炼。第三，人生战略，自我成长计划，应该是你自己去推动。所谓平台和你的工作，应该是服务于你自身的人生战略的。这一点也需要你自己去反思，调整自己的状态。要做到这一点确实很难，但养成一种内在驱动的习惯就会好很多。"

坚持不懈地刻意练习能够养成习惯。最初，习惯会影响思维，指导你的行动。最终，习惯本身就成为了思维。所以，从这个维度来讲，习惯就是一种强大的思维能力。它甚至在你的大脑深处，深藏在潜意识中，不需要调动就可以发挥作用，从而影响你的人生。美国心理学之父威廉·詹姆斯说得好："以行动播种，收获的是习惯；以习惯播种，收获的是性格；以性格播种，收获的是命运。"

那么，习惯是如何影响我们的呢？心理学家认为，习惯由三部分组成：首先，我们会收到一个暗示或是信号；其次，在这个暗示的指示下，我们会不由自主地执行惯常行为；最后，行为结束，我们得到应有的奖励，加强之前的暗示。

当我们开会时，或者需要集中注意力做事时，为什么总是会开小差？比如，手机响了，即使知道可能是垃圾信息，你也会忍不住打开看看。为什么？这也是习惯。因为，集中精神是一件很耗费脑力的事，一般情况下，大脑出于趋利避害的原因，它不想这样做，它想要放松，想寻找省力的方式。于是，手机一响，就触发了暗示，于是你的手不由自主地抓向手机，这是一种惯常行为。结果打开一看，是垃圾信息。你得到了片刻的缓解和放松，这是给大脑的奖励。同时，你在等待手机再次响起，万一有重要的事情呢？这就是加强暗示。

为什么人们总是许愿，却总是难以兑现？为什么时间一年年过去了，有人依然没有长进？说到底，是因为没有养成良好的习惯。那么，如何培养一种好的习惯？

营销大师克劳德·霍普金斯是一个培养与塑造新习惯的高手。他发现了两条基本规律：第一，找出一种简单又明显的暗示；第二，清楚地说明有哪些奖赏。如果你准确把握了这些要素，就能产生魔法般的效果。这是市场营销和广告界的金科玉律。根据这两条规律，有无数种习惯被创造了出来。比如，对喜欢健身的人群的研究表明，如果他们选择一个具体的暗示，例如健身会让你精力更充沛；或者一个清晰的奖赏，例如一杯啤酒或者体重秤上一路下降的数字，他们会更有可能坚持锻炼。

如果你能找到暗示和奖赏，那么接下来的就很简单——重复100—1000次，直到养成习惯。

我们先不要制订太高的目标，就从一件简单容易的事情开始进行尝试，只要把这个行为再重复100次以上，那就可以去帮助你找到坚持下去的自信。如果能坚持到1000次，就可以固化成你身体记忆的一部分，像我们平常穿衣、吃饭一样，就成为习惯了。

从小，当我们起床后，妈妈为我们做好了早餐，我们吃完了再去上学。这完全是出于母爱，吃得香就是奖赏。这种行为坚持十多年之后，即使我们不在家，母亲还是会早起做早餐。每个早晨，天天如此。因为，这已经成为她的习惯了。

如果你能让良性习惯进入你的潜意识，你将不自觉地追随一个强大的导航仪前进，拥有一个事半功倍的人生。

习惯是种很奇怪的东西，好习惯不容易坚持，坏习惯却很容易养成。

周末明明要在家加班赶进度的，结果一不小心又打开了手机，知乎、朋友圈、新闻一圈看下来，几个小时又过去了。你很痛恨自己这个坏习惯，却改不了。那么，有没有办法能够消除坏习惯呢？

很遗憾，答案是，不能。因为，习惯不能被消除，只能被替代。这听起来有点沮丧，但事实就是如此。当一个习惯形成后，它会存储在大脑的结构之中，永远无法消除，一旦相同的渴望和暗示出现，就极有可能引发旧的习惯。所以，老烟枪难戒烟，老酒鬼难戒酒，就是这个原因。

但是，我们可以进行控制，用另一种行为去代替惯常行为。例如，酗酒者想通过酒精获得安慰，他们失落、焦虑、郁闷时，就会不由自主地拿起酒杯。但如果用替代的方式，也可以让他们获得安慰。比如，失落的时候找朋友倾诉，焦虑的时候看看综艺节目，烦躁的时候通过运动宣泄，等等。

我有一个朋友有个坏习惯：他总是忍不住打断别人说话。他自己也很苦恼，但是一直改不了。后来，他利用正面激励的方法，终于克服了这个坏习惯。他喜欢吃巧克力，每当他忍不住想插话的时候，就吃一颗巧克力。最后，他终于有效地克制住了自己的冲动，彻底改掉了这个毛病。

另外，心理学家发现，习惯具备"蝴蝶效应"，引发连锁反应。他们研究了一位 34 岁的女士，她肥胖、贫困，而且没有固定工作，生活不如意，烟不离手。她决定做出彻底的改变，但是如何改变，从何处着手？

最初，她只改变了一个习惯，用每天跑步代替吸烟。意想不到的是，她生活的方方面面都随之受到影响甚至改变。她的作息习惯、饮食习惯、储蓄习惯，如同多米诺骨牌一样，一连串的改变就此发生。

所以，习惯之间都是存在关联的。改变某一个习惯，就有可能引发"蝴蝶效应"。

这种关键的习惯也被称为核心习惯。有时，我们认为改变太难，即使想做出改变，也不知从何着手。其实没那么难，习惯既坚强又脆弱，它既支配我们的日常生活，又很容易被改变——只要从改变一个小小的习惯做起，踏出第一步，第二步、第三步就会接踵而来。

什么是好习惯？

讲到这里，那么什么是好的习惯？今天我就结合《高效能人士的七个习惯》这本书和我自己的理解，来和大家做一下分享。我称之为新版的高效能人士的七个习惯。

一、双赢思维，懂得平衡利益

实践我们的人生战略，一定涉及与人的合作。我们要想让自己的路越走越宽，就离不开他人的支持。这时候，"双赢思维"就变得越来越重要。人生的得失不在一时，没有永远的朋友，也没有永远的敌人。今天的竞争对手，明天就可能是你的亲密伙伴。所谓"双赢"，不仅对于合作伙伴，对于下属、上级、同事都很重要。

二、学会移情，提高情商

在互联网已经成为基础设施的当下，人与人之间的联系、社交、协作频率呈指数级的增长，链接的方式也越来越多样化，跨部门、跨组织，个人与多组织的协同成了常态。能驾驭各种关系的情商，成了一种至关重要的能力。所谓情商高，不只是会说话，最重要的是能换位思考，能通情沟通，实现共有应答。

三、凡事多做一点点，超出别人的预期

在生活中，凡事不妨多做一点点，超出他人的预期。工作上，努力做得比对方预期的好。请人干活，比如找搬家公司，如果工人干得好，我会额外给小费。给朋友送礼物的时候，我也经常加一点意外小惊喜。碰到特别好吃的饭馆，我也愿意帮它打广告，推荐给身边人。

不要怕吃亏，不要怕别人嘲笑你。总有一天，你会得到更多的回报。

四、不但要看书，更要写作

这是一个信息化时代，任何人都想着以最小的投入得到最大的产出。读书和写作，因为需要花费大量时间和精力，所以很多人对此并不是十分热衷。其实，只要你稍微抽出一点时间，比如，每天抽出一个小时，就足够了。

书是人类的良师益友。阅读这个习惯，可以让你的知识储备一直远远超过同龄人，培养出超强的学习能力，为你的职业生涯提供能量和支撑。

但是，除了阅读之外，你也不能忘了写作。从前，一封感人的情书，能让你抱得美人归。如今，会写作，会让你在这个自媒体时代获得关注和影响力。一份好的商业计划书，更能让你得到大笔的风险投资。美国企业家杰森·弗瑞德在他的书《重来》中有一段话让我印象深刻："如果你要从一堆人中决定出一个职位的合适人选，雇那个写作最厉害的人。不管是营销人员、推销员、设计师还是程序员，他们的写作技巧会对此有益。因为一个好的写手，不单单是有根好的笔杆子。

清晰的写作体现其清晰的思路，优秀的写手懂得沟通，他们让事情易于理解，他们会站在别人的立场想事情，他们知道什么该省略。那是你在任何求职者中都想看到的品质。"

如果你每天都挤出1个小时来进行读书和写作，那我相信在一年后，你会有宽广的视野，拥有了一件表达自我和训练思维能力的犀利工具。

所以，看完书之后，不妨写一篇心得或者书评，和同事、朋友分享。看完一部好的电影，写一篇简单的影评，几百字就可以了。碰上热点事件，你也可以就此发表自己的观点。看到文章，内心有不同的意见，你也可以写文章反驳。

读书和写作，短时间内可能看不到直接的收益，但从长期来说，当你有一个好的写作能力之后，从中得到的收益和机会会越来越多。

五、做好日程安排，用好表格

在日常工作的时候，把自己的所有工作项目，做成一个项目管控表，保持跟进直到结束，并且随时更新进度。这样有任何问题，打开看一下项目管控表就知道进度和相关信息了。

工作之前，先想好当天的工作安排：今天最重要的事情是什么，一一列出来，然后分出轻重缓急，先做该做的，再做想做的。剩余时间，自由安排。同时，要分配好时间和精力。如果你上午的工作效率高，那么就把重要的事情尽量安排在上午做。每天做个简单的工作小结，分析一下工作内容，遇到了哪些困难，如何处理困难的，效果如何。总结很重要，有时候去翻自己的工作小结，会有很多收获。

另外，工作中要用到的办公软件，一定要琢磨透了，学会熟练高效操作。这样会让你的效率翻倍。

六、利用好暗时间

你走路、买菜、洗手、坐公交车、逛街、出游、吃饭，所有这些碎片化的时间，都是"暗时间"。

在工作中如果善用暗时间，会更加事半功倍。走路的时候，可以听一听音频节目。在上下班的路上，可以看看管理方面的书。午休的时候，可以叫上同事一起讨论项目。工作碰到难题，下班后可以约个高人请教一下。说到底，就是把一些零散的时间利用起来，用来解决遇到的一些工作问题。利用好暗时间，就能为你提供更多的动力，让你的人生更加充实。

七、定期总结，反思自己

当你觉得累的时候，当你觉得迷茫的时候，当你觉得焦虑的时候，我建议你停下来，看看以前走过的路。

看看你跑得最快的那段时间，找到跑得快的原因；

回顾最艰难的那段时间，找出让你止步不前的原因；

回想你走错路的缘由，记住那个岔口，下一次，千万别再走错了。

定期总结，反思自己，是非常有用的习惯。所以，我建议你每个季度做一次总结，回顾过去三个月的事情，总结完成的和未完成的目标，找出可重复执行的成功经验，也找出让你陷入僵局的决定。然后，展望一下未来，比对一下自己和目标之间的差距。

总结和反思，真是上天赐给我们的最好礼物，利用好它，会让你成为更强大的人。

向身边的牛人学习， 实现思维的跃进

人人都认为，书是宝藏，人们的思想和经验的精华都在书中。其实，我们也可以把身边每一个人都看成一本书，他们身上也藏着无尽的宝藏。学习别人的优点，改正自己的缺点。

这种方法会让你进步非常快，因为和人打交道比和书打交道的频率高，而且更直接有效，不用费那么多时间。既然傻瓜都懂得从失败中总结经验，那么聪明人就更要懂得从他人身上获取宝藏。

在工作期间，你不懂的事情远比懂的要多。在我看来，最快的学习方式就是向那些在这方面更有知识、更有经验的人提问。如果你身处一个好的公司或工作环境，你能从周围的资深人士身上学到很多，比如你的老板、领导、同事或者客户。学习他们的优点，获取他们的观点和想法，能帮你提升自己的专业性和认知水平。

一个人要成为牛人，需要很多时间。加速这个过程的方法就是抓住任何机会，主动去问别人问题，向他人学习。每当我碰到那些在我不熟悉的领域中做得很好的人，比如销售、营销或是管理等，我都会试着创造机会和他们交谈，向他们讨教。

所以，向身边的人学习，就能让自己变得更加强大。

我们总是在强调学习，看书、培训，乐此不疲，却忽略了一个事实：最佳的学习对象和学习方法就在我们身边。在我看来，再没有向身边的牛人（或者大神、专家）学习更好的学习方式了。因为，这种学习方式不但形象具体，而且极具可操作性，还可以随时请教，以修正调整。比如，最重要的是，不需要花费你一分钱。你需要付出的只有用心观察，然后比对调整。切记，当你还是一个菜鸟的时候，最好的学习就是模仿。

很多年前，我读了一本传记，书名叫《花旗帝国》。《花旗帝国》这本书如实地记录了花旗银行CEO桑迪·威尔的人生轨迹。他从一名跑单员开始，经过数十年的努力，将花旗银行打造成了金融帝国，对金融业的历史产生了深远影响。

在我看来，这是一本难得的好书。为什么？因为一般的传记，都是努力吹捧传主，粉饰缺点。然而，这本书保持了自己的独立观点，并没有因为威尔的位高权重而一味美化，从而塑造了一个有血有肉的真实的威尔。他有他的过人之处，谋略、胆识非凡，极具眼光，但脾气暴躁，热衷于权力，心胸狭窄，而且非常偏执，对亲密关系的处理很糟糕。连跟着他16年立下了汗马功劳的助理杰米·戴蒙，到最后也和他闹翻了。

1998年，当威尔成为花旗集团CEO的时候，他就向戴蒙承诺，等我退休，我就把位置让给你。结果，几个月后，他就把戴蒙给赶走了。8年后，他73岁才真正退休。

当时，我有点纳闷，就请教当时的老板沈浩波。我问，到底谁错了？

沈总告诉我："商业上的事情，很多地方无法解释。生活，也不需要解释。"

虽然很多事情无法解释，但是慢慢地，我从这个故事中悟出了一个道理：所谓的牛人，有时候只是一个善于向他人学习的人。这一点，在戴蒙身上表现得淋漓尽致，也让他从小助理变成了响当当的财团摩根大通的CEO。

戴蒙的父亲是老牌证券公司希尔森的员工。后来，桑迪·威尔收购了希尔森，和戴蒙的父亲成为好友。在两家的交往中，热爱商业的戴蒙受到了威尔的巨大影响。在大学期间，戴蒙还曾对威尔收购希尔森这件事情进行案例分析，威尔看完后赞不绝口。

后来，大学毕业后，戴蒙打电话给当时担任运通公司总裁的威尔，请教择业问题。威尔的回答是，来帮我吧。从此，戴蒙成为威尔最可靠的助手。这一跟就是16年。在威尔身边，戴蒙学习得很快。威尔十分欣赏他的智慧、自信和风度，认为戴蒙可以胜任华尔街的任何工作。

不久之后，53岁的威尔从运通公司下台，戴蒙继续追随他。两人在纽约曼哈顿的一套公寓里住了一年，共同谋划，准备东山再起。他们从接管巴尔的摩商业信贷公司开始，齐心协力，不停地并购公司，以700万美元起家，用了13年的时间，打造了一个超级金融帝国。

在重建帝国的过程中，戴蒙得到了威尔的真传，他头脑敏锐，手腕果断，友好而精明。他们的关系日益亲密。有一次，威尔告诉媒体他和戴蒙的关系："我有一个儿子，他有一个父亲，我们不是相互利用，我们之间是真挚的爱。"

人们相信，戴蒙将成为威尔的接班人。他一直在学习，积蓄力量，等待机会，能够独当一面。毕竟，没有人愿意一直当小弟。

然而，花旗集团组建9个月后，戴蒙被迫出局。根本原因在于两个人的意见开始出现差异，贪恋权力的威尔也不愿意看到戴蒙对他构成威胁。戴蒙辞职的消息宣布后，花旗银行股价下跌近5个点，市值蒸发110亿美元。戴蒙的重要性可见一斑。

虽然被一脚踢开，但是戴蒙内心并不慌乱，他在等待时机。一年之后，戴蒙重出江湖，担任全美第五大银行——美国第一银行CEO。他需要这个职位，在金融领域来证明自己。

结果，他做到了。短短几年后，他把美国第一银行俨然打造成一个"西部花旗"，2004年，摩根大通收购美国第一银行，合并后规模仅次于花旗集团。2006年，戴蒙成为摩根大通CEO。如今，摩根大通的形势已经超过了花旗集团。虽然戴蒙和威尔后来闹翻了，但多年之后，当被问起偶像的时候，戴蒙的回答依然是桑迪·威尔。

从助手逆袭成美国最有权势的银行家，杰米·戴蒙完美地诠释了向他人学习的力量。我们都说，30岁前跟对人，30岁后做对事。戴蒙的人生轨迹也正好实践了这一点。然而，跟对人并不是最重要的，最重要的是你如何利用好"跟对人"这个优势，用自己超强的学习能力成就自己。

我们身边的牛人是指什么人？我们又将如何向他们学习？

一、向同事学习

同事是我们日常接触最多的人，只要用心去发现，就会有很多值得我们去学习的地方。公司的骨干或者大咖，是我们需要重点关注的对象。我们需要看细节，看到他人的优点，再思考对自己有什么启发。

我们向同事学习什么？

工作态度认真、作风严谨、严守工作纪律的同事，我们可以学习他的工作作风。

在某些方面能力超群的同事，我们可以学习他的专业能力。

善于汇报工作，能够准确了解上司意图，善于与上级和其他部门沟通的同事，要学习他的沟通能力。

对于有一技之长的同事，比如某个人的 PPT 做得漂亮，则可以向他请教或者学习。

善于说服客户的同事，可以向他学习说服能力。

总而言之，我们要跳出"我就是我的职位"的局限，跳出边界，像个 CEO 一样思考。从这个维度出发，你就会发现别人的很多优点，值得学习的地方越来越多。如果你能多多向同事学习，自然就能在职场中脱颖而出。

二、向上司学习

老板作为公司的掌门人，必定有过人之处。向老板学习，重点不在于找出老板的可学习之处，而要克服内心的障碍，多和老板沟通交流。只有多占用老板的时间，多和他互动和交流，你才能学到更深层的东西。有时候，你工作中的难题，老板一句话就能让你豁然开朗。

很多人都有点怕老板，对老板是敬而远之。或者觉得老板太忙，不好意思打扰他。其实这种观念是不对的。你既然是他的员工，有问题的时候，自然要找他。所以，不要惧怕权威，也不要不好意思，要勇敢地找老板交流。但是，有一个重要前提，要让他觉得，你的事情很重要。这样老板自然乐于和你交流。

三、向牛人学习

在工作的时候，你总会遇到一些牛人，他们也许是行业内的大神，也许是你的优秀客户，也可能是某些领域的专家，也许是名人。那么，在和他们接触的时候，你也可以留心观察，来发现他们的闪光点，从而为自己所用。

2011 年，我在磨铁图书工作的时候，有机会和李开复老师合作，出版了一本书《微博：改变一切》。因为要赶在过年前上市，所以我们团队的人全部上阵，加班加点，用21天的时间把这本书赶出来了，创造了业内的一个奇迹。

为了保证图书质量，李开复老师从创新工场找了文字功底和校对能力最强的人组成团队，把关文字质量。最后，他亲自上阵，亲自把关，将所有文稿亲自校对修正。李开复老师的认真和敬业精神，让人感动。

2013 年，我和乐嘉老师合作出版了一本书，书名叫《本色》。

因为乐嘉老师每天都很忙，所以只有晚上才有时间写稿子。但是，无论多忙，他每天晚上 12 点钟左右，都会给我们发一篇稿子，风雨无阻，从不间断。

终于，这本书写完了，也制作好了。我们就和乐嘉老师约定在北京见面，让他检查审定最终稿，没有问题就签字，我们出片印刷，然后就可以正式上市销售了。同时，乐嘉老师还会给我们写一篇序言。

结果，在约定见面的前一天晚上，我接到乐嘉老师助理的电话，说乐嘉老师病倒了，需要做手术，明天来不了北京了。

我就说，那我们去上海，等乐嘉老师方便的时候再签字出片。至于序言，那就算了。

助理告诉我，乐嘉老师说，他先做手术，序言还是按照计划来。

后来，乐嘉老师做完手术，就乘飞机来北京，敲定出版事宜，并且在飞机上写完了序言。

工作这么些年，接触了不少牛人，我的感触是，从人身上学到的东西，远比从书上学到的深刻。牛人之所以出色，必定有他们的过人之处。

四、向失败学习

我喜欢看一些传记，但是看多了，也就发现一个问题，很多传记都只能看到正面的东西，传主几乎就是个无所不能的神。所以，我看传记的原则是：不看光环，只看本质，要看缺点，要看传主是如何应对恶劣或者很糟糕的事情的。因为，成功基本是无法复制的，但失败却一直在批量复制。我们懂得了失败，自然也就知道如何获得成功。

回忆往事，马云说："1996 年，我们曾被 3 个公司骗得差点死过去。但是，只有艰难会迫使你一直走下去，顺利只会使人忘乎所以。最重要、最珍贵的是，犯了很多错误，走了很多弯路，使得我们更有信心面对明天的挑战。别人没想到办互联网企业会有这么痛苦，我有比这痛苦 20 倍的心理准备，那就不会失败。只要面对现实，敢于承认错误，总会有办法解决。"

牛人之所以成功，在于他们善于在失败中学习。史玉柱就是这样一个善于从失败中学习的人。在刚刚复出的那段时间里，他曾自嘲是一个著名的失败者。当巨人一步步成长壮大的时候，他最喜欢看的是有关成功者的书。在巨人跌倒之后，他看的全是有关失败者的书，希望能从中寻找到爬起来的力量。

因为年轻，因为没有经验，因为头脑容易发热，所以我们很容易受挫。但是，吃一堑长一智，失败会加速你的成长。所以，平时我们不要过多地关注成功经验，而要把关注点放在失败上，敢于失败，多学习一些教训，向失败学习。因为，失败才是最好的老师。所谓成功，就是不能失败。当你知道了如何避免失败，自然就能成功。

如何成为牛人？

这个问题很简单，你只要心怀热爱，付出努力，然后等待时间给你答案。

从菜鸟变成牛人，可以细分为四个阶段。

第一个阶段是新手（菜鸟），第二个阶段是熟手，第三个阶段是高手,第四个阶段是牛人。从新手到熟手需要两三年,从熟手到高手需要三五年,从高手到牛人至少五到十年。也就是说,用十到十五年的时间,你可以成为一个行业的牛人。但做到这一点的前提是,你足够热爱,并且善于学习。如果你不够热爱,那么很多时候最多只能达到熟手层次,无法成为高手或者牛人。当然,这是一般规律,有些天才天生就是牛人。

记得有一个哲人说过,成功的最好方法就是,观察走在你前面的人,看看他为什么领先,学习他的做法。所以,当你经过坚持不懈的努力,学会向身边的人学习,从失败中积累力量,你也可以成为牛人。

你坚信什么，就会得到什么

在生活中，我见过被挫折击垮的人，我见过轻易放弃的人，我见过陷入痛苦无法自拔的人，我见过因为迷茫而止步不前的人，但更多的是安于平庸的普通人。

为什么？

因为他们的内心已经没有了信念，就像在水中随波逐流的纸船。

所以，不要感叹上天不公，不要抱怨现状，也不要郁闷于前路茫茫。

不如从现在开始，向优秀的大神们学习，研究他们的人生道路，看看他们的故事，从而走好自己的人生道路。

美国脱口秀主持人奥普拉是我非常崇拜的一个人。她的一生充满传奇，人生中能遇见的磨难，她都经历过了，但即使这样，她仍然从一个问题少女成长为传媒女皇，其中值得我们学习的地方太多了。

当你的内心开始坚信一些东西，你就能找到你的力量之源，你的人生就会发生改变。

在佛学中，有一个很重要的概念，就是发愿。所谓发愿，就是心里发出一个愿望，希望它能够实现。发愿会产生一种牵引我们生命方向的力量，引领我们为之努力。比如，发愿考上好大学，就会努力学习。发愿减肥，就会克制饮食。

如今，少林寺方丈释永信在网络上争议很大，人们指责他过多地参与社会事务，把少林寺搞得太商业化了。平时，他经常坐着豪车四处旅行，坐飞机周游世界，与各路名人来往密切。

但是，在佛门内部，他的口碑还是不错的。为什么？因为，释永信答应过师父，发愿要恢复少林，重振禅宗祖庭。他做到了。

1981年，释永信来到少林寺时，这座千年古刹一片破败：一共就十几个和尚，其中9个还是不能劳动的老和尚，靠28亩地过日子，温饱都成问题。如今，少林寺已经成为所在地的经济支柱，海外的"洋弟子"就有300多万，在全世界范围内都有着非凡的影响力。

面对非议，释永信曾经说过："我们出家人学佛修行，不能老待在山里、寺里，安于清净的山门，卖卖香，收收门票，该主动走进众生的日常生活。我希望同修们能明白，佛教不避世。佛教如果避世，早就自取灭亡了。"和尚，并非就应该潜心修行，两耳不闻窗外事，一心打坐念经。其实，只要一心向佛，做什么都是修行。

所以，如果一个人能够保持初心，追随本愿，就堪称一个伟大的人。

奥普拉，就是一个坚守信念造就的大神。

1998年，奥普拉在接受采访的时候，影评家基尼·西斯科尔问她："你坚信的事情有哪些？"

这一次，伶牙俐齿的奥普拉被问得哑口无言："呃……我坚信的事情……我得再花点儿时间想想。"

直到 16 年后，她才给出答案。正是这些答案，才让她一路走到了今天。她把这些答案写成了一本书，这本书叫《我坚信》。她成功的秘密就在这本书中。同样，这本书给了我很大的启发。

为了让大家更了解这本书的魔力，我们需要先了解一下奥普拉的人生经历。了解奥普拉的个人经历，我们才可以更好地从这本书中去认识她、了解她、读懂她并学习她。

奥普拉·温弗瑞，黑人女子，美国脱口秀主持人。她长相平平，体重近二百斤，一生与漂亮无缘。但是，她主持的脱口秀节目却在全球播出，连续 16 年位居榜首，她也成为了美国最富裕和最有影响力的女性。

1954 年，奥普拉出生在美国最穷的州密西西比州的一个小镇上。

她的诞生，完全是一夜情导致的意外，被打上了懊悔、隐瞒和耻辱的标记。就连她的名字，也是一个意外。当时，家人根据《圣经》给她取名奥珀，但护士在写出生证时弄错了，由此她拥有了一个世界上绝无仅有的名字：奥普拉。

奥普拉出生后，母亲便外出工作，把她留给了外祖母。

直到 6 岁时，母亲才把奥普拉接到身边生活。因为房间不够，奥普拉每天只能睡在门廊里。在这座房子里，奥普拉从没感觉到温情，她觉得自己是一个负担。

在这种混乱的环境下，噩梦很快就降临到了她的头上。9 岁时，她被一个表哥强暴了，她根本不明白到底发生了什么。接下来的 5 年里，她又受到过许多男人的强暴，其中有亲戚和她母亲的男朋友。

母亲打算把她送入青少年管教所，但因为床位已满，只好放弃。奥普拉继续和伙伴们鬼混，抽烟、吸毒、喝酒，越陷越深，她的人生几乎看不到任何重生的机会。

母亲对奥普拉没有办法，便将她送到了父亲那里。不幸的是，14岁的奥普拉已经怀孕了。父亲最后决定让她生下孩子，但孩子出生两个星期后便夭折了。

在父亲的严格要求下，奥普拉逐渐成为全优生。在校园里，奥普拉越来越活跃，她的口才和辩才也在学校里有了用武之地。16岁时，她赢得艾尔克斯俱乐部演讲竞赛，并得到了到田纳西州立大学深造的奖学金。

奥普拉说："父亲救了我的命，如果不是他当年对我的严格要求，我现在恐怕就是一个身后拖拉一群孩子的家庭主妇了。"

1971年，高中毕业后，她开始到田纳西州立大学读书。1973年，正在上大二的奥普拉成了当地电视台最年轻的主播。

1976年，奥普拉大学毕业，前往巴尔的摩，主持《六点新闻》节目。电视台经理对她的表现不满意，再加上许多人批评她"头发蓬松、双眼太分、鼻子太扁、报道情绪化"，奥普拉被降职了，这是她一生中最悲惨伤心的时刻。她不太适合冷静克制的新闻演播。

后来，奥普拉来到芝加哥。1985年，《奥普拉·温弗瑞脱口秀》正式成立。此后，它成为美国最成功的脱口秀节目，30岁出头的奥普拉成为了"脱口秀女皇"。后来，她的节目连续14个季度占据脱口秀节目的霸主地位。

功成名就之后，奥普拉创办了自己的公司——哈普娱乐集团，致力于把黑人作家的作品搬上银幕，将更多的黑人推向屏幕。

如今，奥普拉的身家已经超过了10亿美元，这个年过50岁，迄今仍单身的女人会大踏步走向何方，无人知晓。

那么，奥普拉坚信的东西是什么？是什么让她一路走来，完成了从问题少女到传媒女皇的美丽蜕变？

我坚信，信念的力量

人生之所以不同，就在于人们坚信的东西不一样。有时候，创造奇迹的不是巨人，而是一种坚定的信念。奥普拉曾经说过："我生长在一个没有水电的屋子里，人们不会想到我的一生除了在工厂或密西西比的棉花田里干活之外，还会有什么成就。我深信我可用我奋斗的一生向世人佐证——事在人为。"

世界著名的大文豪巴尔扎克本是学法律的，但是他一直想当作家。父亲一直想让他当律师，气得停止向他提供生活费。巴尔扎克写的东西不断地被退回来，他陷入了生活的困境，开始负债累累。在最困难的时候，他甚至只能吃点干面包，喝点白开水。但是他从来没有动摇过。

在这段最困难也最"狼狈"的日子里，巴尔扎克居然还破费了七百法郎买了一根镶嵌着玛瑙石的粗大的手杖，并在手杖上刻了一行字："我将粉碎一切障碍。"

正是这句气壮山河的名言在支持着他。后来的事实证明，他果然成功了。

当一个人明白他想要什么的时候，那么整个世界都将为他让路。

奥普拉坚信，不管你现在所处的情形是什么样的，你自己都是制造它的主因。你的想法、行动、选择，都是来自心灵最深处的意愿。所以，在做出任何决定之前，你不妨问问自己：我内心深处的意愿是什么？追随你的信念，至少不会后悔。

我坚信，痛苦能够带来力量

一生之中，奥普拉学到的最重要的人生课程就是，在追求成功的道路上，一段黑暗的路是上天在指引你选择新的方向。任何事情都可能是一个奇迹、机会，只要你选择那样看待它。1977年，如果她没有在巴尔的摩从《六点新闻》主播的位置上降职，也就不会接到脱口秀的工作。

奥普拉坚信，你将会成为什么人，只会由你现在身处何处来决定。所以，学会欣赏你的教训、错误和失利，把它们当成垫脚石走向未来，这才清晰地标志着你前进的方向是正确的。

在处境艰难时，奥普拉喜欢从一首歌中寻求安慰。歌中唱道："当你已竭尽所能，所有的努力却仍好像不够，你还能怎么办？当你已付出一切，却仍无法成功，你还能付出什么？"答案就在歌名中：《站起来》。

这就是力量的源泉——能直面障碍并穿过它的能力。回首往事，奥普拉说："人生没有失败这回事，所谓失败只是让人生转个弯。有时难免会陷入困境，不过你想创造的人生会带着你走出去。"

她坚信，如果没有挑战、没有厄运、没有障碍、没有痛苦，就没有力量。那些让你崩溃的问题，会锻炼出你的韧劲、勇气、纪律和决心。

我坚信，每一个艰难时刻都有一线光明

不论我们是谁，从何处来，我们都有自己独特的历程。当我们还是小孩的时候，就被大人们教导要谦虚，要为自己的成就而充满歉意。于是，为了不让家人和朋友不爽，我们只好隐藏自己的出色。我们渴望驾驶，却只能乖乖地待在副驾驶座上。成年后，我们更愿意隐藏自己的光芒。我们没有用那些激情和目标充实自己，向世界展示最好的我们，却让自己变得空洞，只为让批评者无话可说。

即便如此，那些批评者永远也不会知足。不论你是隐藏光芒还是光芒四射，他们都会觉得受到了威胁，因为你的出色。如果你不够优秀，或者你足够倒霉，那么，你面对的东西很可能将你击垮。然而，奥普拉的经历告诉我们，不用管外界怎样，我们只需要做好自己。

14 岁那年，奥普拉怀孕了。她羞愧极了，隐瞒了怀孕的事实，直到医生注意到她肿胀的脚踝和隆起的腹部。1968 年，奥普拉生下了孩子，但几周后就夭折了。

她回到学校，谁也没告诉，担心被人发现就会被开除。她一直担心，如果有人发现她的故事，人们就会把她从他们的生命中"开除"。后来，即使她鼓足勇气公开了被性侵的事情，她依然对怀孕闭口不言。

当一个家庭成员把这件事爆料给八卦小报后，一切都改变了。她当时觉得天都塌了，觉得自己被人背叛，内心深受重创。奥普拉一直在哭泣，心想这个人怎么能如此对我？

第二周的周一，奥普拉强打精神从床上爬起来去上班。她觉得既溃败又害怕，想象着街上的每个人都会伸出手指着她尖叫："14岁就怀孕，你这邪恶的姑娘……"但是，没有一个人这么说。大家对她的态度没有丝毫改变。她感到非常震惊。原来，几十年来，她一直害怕着一个根本不会发生的结果。

从那以后，她虽然也曾被其他人背叛或伤害过，却再也没有为此哭泣过。因为，她开始明白，每一个艰难时刻都有一线光明。她获得了内心的解放，开始修补在年轻时所受的重创。她意识到，这么多年来自己一直在责备自己。当你没什么可羞耻的，当你知道自己是谁，你就会坚持做你自己，你就能站在智慧之光下。

生而为人，总得信点什么，追求点什么。你相信正义终将战胜邪恶，你就是一个正直的人；你相信努力终将成就自己，你就是一个奋斗者；你相信思维的力量，你就总能找到人生的支点，激发你内心的动力；你追求与众不同，你就能摆脱朝九晚五的平庸，找到自己的人生方向。

其实，中国也有一个因为信念而造就奇迹的人，他就是我一直都很佩服的一个人——小米公司 CEO 雷军。

2016 年 3 月，雷军在参加财经频道的节目时说的一番话让我印象深刻。他说："四五年前，在人们看来，国产机差不多就等于山寨机。不但这个行业，几乎所有行业都有这样的困难。人们不仅仅是用苹果手机，家里的电视也都是索尼、三星、夏普。这个时候，我们去批评消费者是没有价值的，我觉得问题出在产业界，因为我们自己没做好。为什么索尼会这么受尊重？它也是从 70 年代才开始有口碑的，之前的产品也一塌糊涂。我创办小米不是为了成就感，不是为了个人财富，也不是为了满足虚荣心。我就是想干一件我喜欢的事情，我希望这件事情对我们这个社会有帮助。我们的终极目标是推动社会进步。"

这份信念，让人听了为之动容。所以，直到如今，我都是小米的坚定支持者。先不说小米的产品怎么样，但它让更多的人用上了便宜好用的智能产品。如果没有小米，我们的生活就不可能像今天这样舒适便利。如果没有小米，智能手机的价格会比现在贵很多，也绝对不会如此普及。我现在用的插板、空气净化器、充电宝等，都是小米的，便宜，而且简单好用，我觉得不能要求更多了。

所以，我一直觉得，人，因信念而伟大。

我们常常很在意物质的享受和积累，在意功名利禄，却忘记了与自己对话，找到内心的力量。奥普拉和雷军的故事给了我很多思考和参考。他们让我知道，一个人坚信的事情，未必一定会实现。但是内心如果没有信念，这样的人不堪一击。一个人，但凡要做点事情，总会陷入各种是是非非，需要破除种种痛苦挫折和艰难险阻，这时候，能够帮助和指引我们的，唯有内心的信念。

奥普拉喜欢读书，热爱美食，把精神作为人生的追求，最终发现了人生的秘密。她说："不是你在经历人生，而是人生在经历你。人生才是舞者，你是那支舞。"她相信美好的事情，她坚信自己会快乐。最终，她做到了。

希望你们也是。

第四章　工具篇:

应对未来的七大利器

如何和别人想的不一样

很多人纳闷，为什么我这么努力，却还一直默默无闻？

答案很简单。因为你怕和别人不一样。如果你循规蹈矩地活着，那么你又如何和那些智商、资历、资源、勤奋都远远超过你的人竞争？

思路，决定出路。如果想改变人生，就要改变思维方式。改变思维方式，就要打破思维里的墙，和别人想的不一样。

要知道，苹果的腾飞，正是从 1997 年乔布斯推出"think different"的工作原则后开始的。和别人想的不一样，成为了苹果的创新基因。

在这一课里，我们将教你突破惯性思维和思维局限，学会逆向思维和辩证思维，发挥想象力，拆掉思维里的墙，打造与众不同的思维能力。

这一次，请为自己勇敢，别怕和世界不一样。当你开始想的和别人不一样，人生也将从此不同。

除了极少数天才，我们大多数人都差不多，属于普通人，平平凡凡，没有什么过人之处。

那么，为什么资质、背景差不多的人，会慢慢拉开差距，甚至有天壤之别？差别就在于思维方式。

一位企业家曾经意味深长地说过一句话："真正让人成长的是问题和挫折。"我深以为然。问题就是我们人生道路上的障碍，推倒它们，我们就会成长，迎来转机。问题就是最大的财富。促成这种转化的，便是思维。

思维方式是一个人最大的竞争力。所以，史玉柱可以从负债累累中再度崛起；所以，前世界首富洛克菲勒可以自豪地说："即使把我剥得一文不剩，丢在沙漠的中央，只要一行驼队经过——我就可以重建整个王朝。"

很多人抱怨说，牛顿怎么就那么幸运，被苹果砸中之后就成了世界上最著名的科学家之一，而自己从未遇到那样的苹果，只能做一个平凡得不能再平凡的人。其实，上帝给每个人的每个苹果都是一样的，苹果的神奇与否，在于拿着它的人。

那么，为什么很多人与发现、机会擦肩而过？因为经过多年的学习训练后，他们注定如此。

从小，我们受到的教育便是要正视问题，要马上解决问题。这是常识，却很容易让人走入误区。问题优先的想法，会让我们只见树木，不见森林，最终限制了我们的思考和行动。

当我们只关注问题的时候，我们的思维会变得狭窄、单向和肤浅。

有时候，问题未必是问题，也有可能是机会。

有时候，正向强攻，未必能解决问题，逆向思考，反而柳暗花明。

有时候，想着马上解决问题，反而会火上浇油，冷处理，等待好的契机出现，再开始着手，往往能事半功倍。

有时候，因为思考的深度不够，从表面上来看，问题是解决了，事实上却引发了更多的问题，或者埋下重大隐患。

很多时候，我们只是做到限制内的最好，却远远没有做到事实上的最好。

试着抛开这些限制，试着和别人想的不一样，试着将问题看作财富，你就会发现，人生道路从此开阔。所谓大咖、伟人，就是通过思维方式制胜的人。

知名导演斯皮尔伯格在拍摄《大白鲨》的时候，一度濒临崩溃。

首先，剧组没钱了。因为高标准、高要求，斯皮尔伯格早就把制作费用完了，投资方的耐心也用尽了，他们开始质疑这个初出茅庐的导演的能力。

其次，拍摄陷入困境。经常拍一天电影，很难找到一组满意的镜头。

再次，合作的明星不配合，想方设法都无济于事。

最后，最让人糟心的是，电影的主角——道具鲨鱼三天两头地出问题，而且完全不会游泳，也不会撕咬。

在种种不利的情况下，斯皮尔伯格整天坐在放映室里发呆。他几乎要放弃了，认定这是自己拍的最后一部电影。

当时，他只有几种选择：

第一，直接退出。虽然干脆，但对斯皮尔伯格的负面影响太大。

而且，功亏一篑，他也实在不甘心。

第二，投入手头仅有的财力来修理鲨鱼道具。道具的问题或许能得到解决，但后面剧组就别想运转了。

第三，放弃失败的鲨鱼道具，重新设计一个更好的道具。这么做的话，需要一定的时间，但目前斯皮尔伯格最缺的就是时间，他耗不起了。

第四，死马当活马医，继续用这条老出问题的鲨鱼。结局显而易见，不是斯皮尔伯格被炒，就是拍出一部大烂片。

人生在世，总会遇到问题。研究显示，在遇到问题的时候，我们绝大部分时间都会把自己困在问题中，并且越陷越深。

我们尝试从不同的角度来审视问题，寻求各种解决问题的方法，结果却发现种种方法都只能得到失败的结局。

正如我们盯着太阳，却无法看清天空。我们一旦紧盯着问题不放，就无法看到其他事物，更不用说解决问题了。

斯皮尔伯格并没有紧盯着问题不放。

《大白鲨》是一部关于鲨鱼的惊悚片。鲨鱼作为当仁不让的主角，身影贯穿电影始终。

斯皮尔伯格决定抛开面临的问题，重新审视这部电影。他想象这是一部希区柯克的电影，而不是一部关于哥斯拉的影片。突然，他灵光一闪。人在游泳的时候，是无法看到海面以下的东西的。人们最恐惧的，也恰恰是未知的事物。

他从这个灵感中找到了解决方法。既然如此，那么这条鲨鱼最好不出现，反而是最惊悚的。在配音师的出色配乐的酝酿下，一直到 81 分钟才出现的鲨鱼牢牢地抓住了观众的心。

《大白鲨》大获成功，这部电影也成为了斯皮尔伯格的代表作之一。

你看到的越少，你想到的就越多。因为这能让观众身临其境，发挥他们集体的想象，正是他们的想象，帮助这部电影获得了成功。

斯皮尔伯格的思维转变，使这部影片完成从普通到经典的跨越。如果你能拥有正确的思维方法，便能化腐朽为神奇，从而改变人生。

如何提升思维方式，异想天开，"和别人想的不一样"？

我们可以从三个部分入手。

一、反其道而行之

这一点就要求我们运用逆向思维。逆向思维，简单来说就是反向思考。我们解决问题时，由于我们是主动方，被解决的对象是被动方，因此我们往往只考虑如何影响对方，而很难考虑到对方对我们产生的影响。逆向思维，就是把被动方变为主动方，思考如何通过影响被动方来解决问题。

最知名的逆向思维的案例，就是司马光砸缸。

小孩落水的时候，常规的思维方式是把人从水缸里救出来。但司马光只有 7 岁，年幼体弱，根本无法做到。面对险情，他运用了逆向思维，果断就地取材，用石头砸缸，让人离开水，从而救了小孩一命。

在日常生活中，我们可以用逆向思维来搞定客户。

在人们的内心深处，每个人都希望得到别人的赏识和尊重，但没有人会喜欢违心的阿谀奉承。另外，每个人的潜意识里都有这么一个观念，播种了就应该有收获，付出了就应该有回报。

如果你只是一味地付出，只会让客户觉得理所当然，对你的辛劳不会太往心里去。

然而，一旦你开口向他请求帮助，最好是小问题，一方面，他觉得受到了尊重和认可。另一方面，觉得自己付出了，希望在你身上得到回报。这样一来，如果你能趁机给他一些特别的优惠或者服务，他自然而然也就心满意足了。

所以，与其奉承客户，想方设法为客户做点什么来获取他的好感，不如让客户帮你点小忙。这样反而能够促进你们的关系。

如果你的客户从事金融行业，那么不妨向他请教一些投资方面的问题；如果你的客户从事医疗行业，那么不妨向他咨询一下健康方面的问题。如此一来，一定能够大大增进你们之间的关系，从而帮助你搞定客户。

关于逆向思考的训练，可以从看《名侦探柯南》入手。

柯南每一集的破案过程，相对于作案，都是逆向的。所以，你可以在观看动画片的时候，从结果开始反推，列出作案顺序，将片中的作案细节插入相关节点，最终推导出凶手。这样的分析可以锻炼逆向思维方式。

当然，要是不想看动画片，你可以看推理侦探小说。金田一系列、福尔摩斯系列、阿加莎·克里斯蒂系列，等等。

二、不走寻常路

要想和别人想的不一样，就要打破惯性思维。

在我们的常识中，一张纸两面用完之后，就可以当作废纸了。日本的打印设备竞争非常激烈，理光公司的专家通过打破这种思维惯性，发明了一种"反复印机"，开辟了一片蓝海。已经复印过的纸张通过它以后，上面的图文消失了，重新还原成一张白纸。如此一来，一张白纸可以重复使用，不仅节约了资源，还创造了财富。

在人云亦云的说法和想法中，我们要敢于突破自己的惯性思维，才能拥有理性而独到的见解。

三、凡事都有两面

如同硬币拥有正面和反面，面对一个问题，我们也应该从正反两个维度去思考问题。即辩证思考。

美国有一部纪录片《超人》，记录了一些与众不同的人的生活。一个侏儒喜剧演员的话让我印象深刻。他是这么解释自己从事喜剧表演的："人们总是嘲笑我，所以我想：去他的，干脆收他们点钱！"

因为认知偏差，人们只会注意到很窄的范围内的信息和对自己有利的信息。想跳出认知窠臼，需要从坏事中发现希望，在好事中发现隐患。

比如，丢了钱包是件很郁闷的事情，如果你利用辩证思维法逆向思考，从中发现好的一面：幸好没有装太多的钱，或者丢更重要的证件。

比如，失恋的时候，其实没有必要伤心。因为，你失去的只是一个不爱你的人，对方失去的是一个爱他的人。

只要用心发现，任何事都能找到对立面。一旦掌握辩证思考的窍门，便能轻松摆脱 90% 不必要的烦恼，也能发现新的思维角度。

四、发挥想象力

你可以脑洞大开，开启发散思维，充分发挥想象力，考虑一些问题。

在一张纸上随意画三个点，这三个点不能在同一条线上。请问，如何用画一条直线连接这三个点？乍一看，你也许觉得没有答案。但只要发挥你的想象力，便可以知道，至少有两种方法。第一种方法，用一支足够粗的笔，画一条粗线，便可以连接三个点。第二种方法，把纸折叠起来，刚好让一个点处于另外两个点的中间，这样，三个点就在一条线上了，直接连起来就可以了。

在日常生活中，你也可以进行一些想象力训练，尝试和想象各种可能，把你认为有可能的都列出来。

比如，从公司回家，可以有多少种方式？

比如，如果世界上没有了盐，会发生些什么？

比如，外面有个女生在雨中漫步，在她身上发生了什么？

坚持下去，你就能成为一个异想天开的人，一个很厉害的人。

五、推己及人，换位思考

换位思考，就是站在对方的角度考虑问题。

人的惯性思维方式决定了，考虑问题的时候，都是从"我"出发的。所以，要跳出束缚，从多个方面考虑观察，学会换位思考。

你可以坐在路边的长椅上，先仔细观察路过的人，猜测他们的身份、职业、目的，等等。然后，你再利用联想、空间位移、场景重构等方法，用路人的眼光来看坐在长椅上的你。

在购物、吃饭的时候，把自己当成导购、收银员、服务员，以他们的视角来看待自己。

这种换位观察，有助于获得某个物体或某个人的全面认识，锻炼你的换位思考能力。久而久之，就可以提升你对事物的观察领悟能力，开启完全不同的思维角度。

最后，祝你早日"脑洞大开"。

如何利用直觉快速做判断

说到直觉，很多人觉得这只是一个简单的思维片段。

也许很多人都不知道，其实，直觉也是一项重要的思维能力。

直觉这玩意儿很有意思，它存在于我们的基因之中，属于一种天赋；同时，它又是人的经验的沉淀，可以后天养成。

相对于缓慢而费劲的理性思考，迅速且轻松的直觉，可以帮助我们活得更轻松，在紧急时刻做出正确决策。

我们尤其需要直觉，我们更需要可靠的直觉。

幸好，直觉也是可以训练的。

当你的直觉变得更敏锐、更有效、更正确，就能提升你的记忆力，提高你的认知层次，打通感官，让你进入一个完全不同的思维境界。

在日常生活中，你是不是有这样的体验：

出门的时候，你隐隐约约总感觉今天会出事情，结果就真的出事情了。

在家里，你刚一开口，想让妈妈给你买一样东西，就马上被妈妈打断，严词拒绝。

年会抽奖的时候，你预感会中奖，结果果然就中奖了。

你第一次见到一个人，就觉得这个人很有眼缘，结果果然成为了好朋友。

这种体验，就是直觉。

在日常生活中，有一种直觉，叫女人的直觉，犀利得可怕，准确得诡异，如同开挂一般的存在，几乎可通鬼神，令人闻风丧胆。通电话的时候，可以因为一个停顿，就能判断对方的心情。相信领教过的，会明白我在说什么。

在观看体育比赛的时候，在伟大的运动员身上，直觉的力量尤为突出。

每当 NBA 球星科比完成招牌的急停后仰跳投时，他的大脑也进行了大量的计算，来调整身体的位置、运动和距离，这涉及了极其复杂的牛顿力学，有时候根本无法用科学理论来解释。为了把球投入篮筐，你必须用恰当的速度投篮，1% 的错误和重力都会让你"打铁"。投三分球的时候，还必须考虑空气的阻力。当球"唰"地应声入网时，就意味着直觉又立下一功。

如果你要问科比是如何做到的。虽然他知道自己是如何做到的，但无法清楚地表达出来。他就是知道。肌肉运动的协同运作，没有时间让他做出有意识的决策。事实上，在球场上，你没办法停下来思考。棒球界有一句格言："思考非常令人讨厌。"即使在节奏比较慢的高尔夫球比赛中，老虎伍兹也曾说过："我学会了相信潜意识。我的直觉从来没骗过我。"

我相信直觉，因为直觉不是一瞬间的反应，是你的学识、阅历、人生经历等事情，在那一瞬间集合之后产生的反应，就像你打字的时候，根本没有想过你要去触摸那个键，然后你的手就不由自主地伸到那个键的位置一样。你没有留意到这个过程，不等于没有。

直觉有什么用？

一、保护自己

直觉的高速度有利于人类生存。根据进化论，假如你在森林中遇到一个陌生人，你需要当场快速判断，对方是朋友还是敌人。能够快速准确判断的人存活机会较大，才能够繁衍后代。因此，如今我们只要看一眼，就能分辨对方的表情是快乐、愤怒、悲伤、恐惧还是疑惑。

直觉在很多时候都是准确的。有时候，你直觉不喜欢一个人，连你自己都不知道为什么。后来，事实也证明了这一点，你们不是一路人。或者，这个人有问题。

即使刚开始接触的时候，这个人表现还不错，一度让你怀疑自己的直觉。但是慢慢地，你发现，原来一开始那种不舒服的感觉，并不是错觉。

所以，相信自己的直觉，可以让自己避免受到伤害。不要试图和直觉抗争，只要顺其自然就好。

二、帮助你做决定

直觉的发生是非常快速的，几乎就是转瞬之间。实验研究发现，一闪而过的图像就能让人产生印象，而且大脑只需 0.25 秒就能判断图像是好是坏。因为过于迅速，理性思维还来不及启动。我们处理危险信号的速度更是以毫秒计算，例如在野外听到风吹草动，人们就会因为吃惊而跳起来，然后才会启动理性思维，判断声音是猛兽发出的，还是风声。所以，在危急关头，我们能依靠的只有直觉。

最近，有一部美国电影《萨利机长》上映。电影中的萨利机长临危不乱，做出了冷静、理智也最正确的决定，挽救了 155 条生命。

这部电影改编自真实事件。2009 年 1 月 15 日，萨利机长驾驶全美航空 1549 号航班，从纽约拉瓜迪亚机场起飞。起飞 1 分钟左右，飞机撞上鸟群，两台发动机失去动力。当时，飞机处在纽约繁华的曼哈顿上空，飞行高度 800 多米，随时都有可能坠毁，造成严重后果。机长马上向机场控制塔报告，机场给出了两个选择，要么立即折返，要么紧急降落在附近的泰特伯勒机场。然而，机长做了匪夷所思的选择——紧急降落在哈德逊河上。不得不服的是，他成功了，全机人员全部幸存。

事实上，从飞机遭遇鸟群、确认失去动力、采取应急措施、与多方沟通到做出迫降哈德逊河的决定，仅仅用了 35 秒钟。事后，运输安全委员会通过模拟飞行，得出结论，唯一的迫降选择，只能是哈德逊河。尽职尽责、技术高超的机长，在危难时刻，凭借直觉，做出了最佳判断。

其实，在千钧一发之际，能够帮助你的，往往是直觉。毕竟，理性思维需要冷静的环境和一定的时间。迫降成功的关键步骤——打开辅助动力系统，排在迫降清单的第15项。如果按照流程行事的话，飞机早就坠毁了。

如果有些事情实在无法抉择，那么追随你的直觉是一个不错的方法。

直觉从何而来，如何培养？

其实，直觉不是天生的，而是源于经验和训练。就像题海战术，题目做多了，一看到题目，基本就知道怎么答题了。每个人都应该有意地训练自己的直觉思维。因为，一个有创造力的人一定不能仅仅依靠逻辑思维，更多地要依靠直觉思维。

1991年，海湾战争爆发。

在距离科威特海岸不到20英里的地方，聚集着多国部队多艘驱逐舰和战列舰。之所以离得这么近，是为了便于炮轰目标阵地。但同时也增加了风险：军舰已经暴露在伊拉克导弹的覆盖范围之内。

2月25日凌晨，如往常一样，英国驱逐舰"格罗斯特号"的赖利中校正在执勤，他的职责是负责监控该舰的雷达系统。他盯着雷达屏幕，突然发现了异常。在屏幕的边缘，一个闪烁的绿点出现，飞向舰队。所有人都开始紧张起来。过了40秒后，赖利发现这个光点的目标是美国战舰"密苏里号"，正在以时速550英里的速度飞近。

赖利最初认定，它是传说中威力奇大的蚕式导弹，一枚就足以干掉一艘军舰。但是，还有另一个可能。

美国的 A-6 战斗机也经常在光点范围内出没，主要目的是飞往科威特，投下激光制导炸弹。从雷达上看，战斗机跟导弹的速度和光点大小无法区分。

那作为雷达系统，总该能区分出来吧？

战斗机自身有电子标志，用来给雷达区分，但是由于这个标志也方便了伊拉克的导弹袭击，所以为了安全起见，很多飞行员关掉了这个标志。

当时，作为该舰上的负责人，赖利中校无法用设备和技术来分辨这个光点是敌是友。他只有一个选择：拦截还是不拦截。

他选择了开火，发射了两枚拦截导弹，击毁了那个光点。

结果是幸运的，那个光点不是友军的战斗机，正好是蚕式导弹。在后续的调查中，军方认为在当时的条件下，赖利绝对无法做出辨别，将赖利的选择看作一种幸运的赌博。

直到 1993 年，一名认知心理学家加里克莱因发现了这个案例，他对高压下做出选择的模型很感兴趣，因此开始对这个案例展开了深入研究。他仔细地询问赖利，而赖利的答复也很简单，他觉得那是导弹。

他调出当时雷达屏幕的每一个细节，终于发现了一些蛛丝马迹：导弹和战斗机在雷达显示屏上有那么一点微妙的区别：导弹在雷达上出现会比战斗机的出现晚几秒钟。也许正是这种细微的感觉作用在了赖利身上，而促使他做出正确的选择。

那么，他为什么能有这样的"直觉"？

心理学家的分析是，赖利在参战前，已经在皇家海军的模拟环境中练习了多年，即便他从未见到过蚕式导弹，但是上千次的模拟练习已经让他的大脑"认识"了这个场景。再加上他在战争中已经数十次观察到 A-6 战斗机在雷达屏幕的轨迹，这样的轨迹早已印在他的大脑里。当有些微差别的亮点出现在屏幕中，赖利就会觉得不对劲，于是他迅速做出拦截的决定，从而挽救了一艘军舰。

现在，你是否能明白为何电影里那些特种部队经常凭"直觉"来判断有无危险了？那不是天生的，而是练习出来的。人的认知总是由陌生、了解、掌握到经验，最后成为直觉。乔布斯也正是坚持追随内心的直觉，几十年如一日，才有了今天的苹果。

作为普通人，我们应该如何训练直觉？

一、发现不同事物之间的内在关联和规律性，然后记住

比如，新乡和纽约的内在关联是，它们的英文名都可以叫 New York。当你发现内在关联越来越多，对事物之间的关系的理解也就更加敏锐。而直觉就来自此。

知名财经作家李德林先生是通过快速浏览新闻来培养直觉的。

如今是一个信息爆炸的时代，每天有大量的资讯产生，我们无法去了解所有接收到的信息。李德林的做法是，他打开一个网页后，先用几分钟的时间浏览标题。毕竟，很多文章不用点开，只看标题就可以直接知道里面说的是什么。

他愿意点击阅读的是能够激发好奇心的标题。如果内容与他的预判有出入的话，他就会去思考，为什么作者要这么写，应该怎么写更合适，等等。这么做，能够快速而持久地训练我们的直觉思维。

如今，李德林也成为了创业者，对于直觉，他的理解有了进一步的认识。他认为，在创业之初，应该让直觉先走，然后商业逻辑跟上。如果面临一些事情的时候，反复地去纠结它的逻辑的话，会错失很多机会。

二、多感知，打通感官

比如，让自己的嗅觉、听觉、触觉、视觉等感官之间建立密切的联系。当一件让你产生触动的事情发生时，你要立即记住此时的情绪，并记忆当时对自己各种感官造成的印象，然后在这些感受之间画等号。经过次数相当多的记忆之后，各感官间可以迅速地建立移情，也就打通了各种感官。当感官被打通后，直觉产生得极快，并且会有较高的准确率，而不再是随性乱猜。

三、多经历，多训练，提升自己的认知层次

人类的直觉，其实就是大数据的一种体现，人类通过之前的生活经历（训练过程），在遇见一件新的事情时，就会把很多经历关联起来，得到直觉。

关于直觉，也有三个层次：

第一，简单的直觉——迅速，基于性格和本能。刚开始学车的时候，对于汽车，你的内心充满不安全感，只有恐惧。这是感性思维阶段。

第二，理性思维——缓慢，基于理智和科学。这里的缓慢是相对而言的。通过反复训练，你终于掌握了驾驶技术。此时的你，精神高度紧张，看后视镜都是全神贯注的，丝毫不敢分心。这是理性思维阶段。

第三，成熟的直觉——迅速、可靠的直觉，基于经验和训练。开了几年车以后，你成为了一个老司机，你可以一边唱歌一边开车，用余光稍微扫一眼后视镜就可以了。光凭直觉，你就可以熟练地驾驶汽车。

所以，想要让直觉变得更准确，便是针对你想要加强的方向去训练，慢慢提升你的思维层次。如果你觉得结果不尽如人意，那么最好的解释便是生活经验太少。

总之，直觉是上天赐予我们快速决策和判断的撒手锏。掌握了这个工具，你将比别人更快找到方向，睿智无比，恍若神明。

如何做决定

我们的人生从一开始，就面临着各种选择。职业、伴侣、房子、汽车、教育、投资，等等。每一个选择，都在某种程度上决定了我们的人生。如果鲁迅不选择写作，那么这个世界就多了一个无足轻重的好大夫，却少了一个大作家。如果潘金莲不打开窗子，就不会认识西门庆，潘金莲也只是一个普通的名字。

然而，在生活中，事实往往是这样的。

存了好久的钱买了一个包，结果发现自己还是喜欢那款普通的。

本来想好好享用一顿美食，结果却选了一家坑爹餐厅。

想找个男朋友直奔婚姻，结果却没想到对方是个渣男。

准备了好久去土耳其坐热气球，结果却碰上了连续的阴雨天。

精挑细选买了一辆汽车，结果没多久就碰上质量事故被召回了。

长此以往，我们都得了一种病——选择困难症。

选择，为什么是一件困难的事情？是什么因素在影响我们做决定？我们该怎么做，才能尽量做正确的决定？

了解这些，就能少走弯路。

几年前，我也面临着一个艰难的抉择。当时的我，站在人生的十字路口，面临人生当中也许最重要的一次跳槽，它可以使我在26岁的时候成为当时行业内最好也是最大的公司的高管。

在我已经决定跳槽之后，好友带我去见了一位大师，人称"辛子"，是测字高手，据说百测百准。

到场后，大师让我写一个字，我写了一个迷惑的"惑"字。准确地说，我写出来的"惑"字是错别字，我把"惑"字口下面的一横，写到了口的上面，偏旁"戈"的最后一撇忘写了。

大师解道："你想写'惑'字，但写不出'惑'字，说明你看似其心有'惑'，其实主意已定，只不过需要外力确认自己的决定。写错的'惑'字中间有个'口'，上面是个倒过来的'二'字，下面是个'心'，'戈'字少了一撇，就是一个'弋'字，说明你有二心，存去留之意，去意已决。你写错的'惑'字，左边加一撇，就是'感'情的'感'字，感情已破，'戈'字化'弋'，说明无须大动干戈。"

我连连点头。

大师继续说道："测字只能测一时，不能算一世，万事万物都有常理，却一直在变化。事不决，向内找，可明己心。事未成，向外找，可借万物。"

我佩服辛子的神算，这一测，一切与我之前决定的和之后发展的，完全吻合。不论测与不测，我终究是那种主意特别正的人。可这一切却都因一个字，被大师洞悉，着实让我吃惊不已。

后来了解到，因汉字是象形文字，一笔一画都与万物之形貌相似，五千年汉字传统深刻于中国人基因当中。所谓字由心生，测字能洞穿人心意也属正常，但居然能辨识事物未来之结果，也还是让我迄今敬畏。

不过测字一事，对我影响更大的还是辛子的后半句话。直至今日，但凡我有困惑，遇事不决，我都会自我反省。我有时候想，为什么人有时候做出一个决定，就能实现一个目标？有时候做出一个决定，却让人后悔不已？因为那些发自内心的决定，内在有一种强烈的精神力，能坚定自己，还能鼓动他人，从外力中吸取能量，去助其实现；至于阻力，反而成了动力，能激发其内心的驱动力。那些没走心的决定，虽然之后事情还是在做着，但一遇阻力就徘徊，自然在摇摆中"流产"。

做决定为什么是一件困难的事情？因为，我们都怕选错。

杨德昌电影《麻将》里，有段话说，"这个世界上没有人知道自己到底想要什么，他们就等着别人来告诉他们，所以，只要你用很诚恳的态度告诉他，他想要什么就对了。"因为没有人愿意在失败的时候承认自己的错误，他们宁愿自己上当受骗。

难以做决定，是因为大部分人都被羊群效应驱动着。可以一起死，不愿意一个人艰难地活。一切背后都是怯懦。

《怪诞行为学》中有一章专门说到，人类的原始心理机制就是"让多个可选择的门始终处于敞开状态"，不希望其中任何一扇门关闭，即使最聪明的人也是如此。

人之所以害怕选择其中一个，其实是害怕放弃另外一个，不想后悔。决定之前，选择很多；一旦决定了，就意味着关闭了其他的选择。估计有些在感情中脚踏两只船的人，多半也是出于这种心理吧。

我们都以为，我们的想法和决定，都完全是由自己独立做出来的。其实，我们的行为常常受到许多无法看见的因素影响。到底是什么掌控了你的思维？为什么，我们每天所做的选择与决策，有时显得理性，有时却那么不理性？

在诺贝尔经济学家丹尼尔·卡尼曼的著作《思考，快与慢》中，他提出了一个问题：球拍和球共花 1.10 美元。球拍比球贵 1 美元。那么，球多少钱？

美国有上万名大学生回答了这个问题，结果让人大吃一惊。哈佛大学、麻省理工学院和普林斯顿大学 50% 以上的学生，迅速给出了 0.10 美元的答案，在其他差一些的大学里，则有 80% 以上的学生直接脱口而出——0.10 美元。其实只要花几秒钟计算一下，就可以知道，答案是 0.05 美元。

为什么会这样？卡尼曼是这样解释的。

卡尼曼认为，我们的大脑有快与慢两种做决定的方式。常用的无意识的"感性脑"依赖情感、记忆和经验迅速做出判断，使我们能够迅速对眼前的情况做出反应。

比如，看到对方来了一辆车，我们会快速打方向盘避开。不用思考，就能马上做出判断。但有时，因为不走心和误导，很容易得出错误的决定。

有意识的"理性脑"，则是通过调动注意力来分析和解决问题，并做出决定。它比较慢，不容易出错，但它很懒惰，经常走捷径，直接采纳感性脑的直觉型判断结果。

比如，高铁和动车有什么区别这个问题，就无法马上给出答案，需要动用理性脑来回答。

关于感性脑和理性脑，还有一个故事说得很好。

"呆若木鸡"这个词，一般用来形容一个人呆头呆脑的样子，或因恐惧、惊异而发愣的样子，是一个贬义词。然而它最初的含义正好相反，是一个最高级的褒义词。

呆若木鸡这个成语，出自《庄子》里面的一个小故事。

战国时，斗鸡是贵族的一项重要娱乐活动，齐王便是一位斗鸡迷。他听说民间有个驯鸡高手，就找来帮自己训练斗鸡。

齐王是个急性子，没过几天，就派人来问斗鸡的情况。驯鸡高手说："鸡还没驯好呢。它一见对手，就跃跃欲试，沉不住气。"

过了一个月，齐王忍不住又派人来问斗鸡的情况。驯鸡高手说："还不到火候，看样子鸡虽然不乱动了，但还不够沉稳。一看到别的鸡，就气势汹汹。"

又过了一个月，驯鸡高手终于对来人说："请你告诉齐王，我把鸡驯好了。"

齐王半信半疑。

没多久，王宫里组织斗鸡大赛。很快，齐王的鸡出场了。但是，对手的鸡又叫又跳，而齐王的鸡却一点反应也没有。齐王内心是崩溃的。结果，没想到别的斗鸡一看到齐王的鸡，竟然吓得转身逃跑了。齐王的斗鸡大获全胜。

从此以后，齐王和别人斗鸡，场场获胜。

"呆若木鸡"不是真呆，只是看着呆，实际上却有很强的战斗力，根本不必出击，就令其他的斗鸡望风而逃。

活蹦乱跳、极具攻击性的鸡，往往不是最厉害的。目光凝聚、纹丝不动、貌似木头的鸡，才是武林高手，根本不必出招，就令敌人望风而逃。这是斗鸡追求的最高境界。

在做决定的时候，也是如此。感性脑主导，那么人就会充满自信和激情，往往只能看到有利的一面，容易犯激进盲目的错误。如果是由理性脑主导，人就会变得冷静理性，才能把事情做对。

人们都过于自信，会尽量避免理性思考，过于相信自己的感性认知。所以，为了在生活中做出更好的选择，我们需要正确运用感性脑和理性脑，运用不同技巧来避免那些常常使我们陷入麻烦的思维失误。

著名政治学家、哈佛教授迈克尔·桑德尔在他的著作《公正》一书中，提出了一个经典的案例。他就这个问题调查了很多人，结果很有意思。

有一辆飞驰的电车，电车的前面有 5 个人，由于电车的速度太快，已经来不及刹车了，眼看这 5 个人就要被撞死了。这个时候，电车司机发现前面有一条岔路，可是岔路上也站着 1 个人。如果拐到这条岔路的话，这个人将被撞死。

现在，电车司机面临一个两难的选择：撞死 5 个人，还是撞死 1 个人？

结果，绝大多数人都会选择撞死 1 个人，让 5 个人得以逃生，理由是这样能多救 4 条生命。

如果换一种情境。在电车将要撞死 5 个人的时候，在电车和 5 个人中间，上面有一座铁路桥，桥上有一个人。如果有人把这个人推下桥，那么这个人就能阻止电车的前进，救下前面的 5 个人。如果你恰好就站在这个人身边，你会怎么选择？

这次，绝大多数人都不会去推那个人，而是眼睁睁看着那 5 个人被撞死。理由很简单，推人致死，这是谋杀，是犯罪。

我们通过这个事情，发现了一个有趣的现象，在第一个情境中看似无法反驳的理由，在第二个情境中却完全不适用了。我们的是非标准和逻辑，为什么会发生变化？

这是因为，我们在做决定的时候，内心都有一个道德包袱。因为道德包袱，我们很可能会做出前后不一致的决定。

桑德尔告诫我们，做决定的时候，要考虑到公正，要遵守规则，更要去掉内心的道德包袱。因为道德包袱，我们会经常做出一些让我们后悔和痛苦的决定。

评选优秀员工的时候，忍不住把票投给了妈妈得了癌症的员工，而不是表现最出色的员工；

禁不住促销员的软磨硬泡，买了自己并不需要的东西；

因为不好意思拒绝别人，结果很多时间都是在帮别人忙活；

因为心软，即使对方人品不好，还是借钱了，结果有去无回。

现代社会，最需要的是规则。作为人，活得要有原则。

回到个人话题。如果有一份工作，待遇优厚，老板对你也不错，你和同事相处得也不错，但就是个人没有什么大的发展。这时候，有一个绝佳的工作机会出现了，你得到了一个业内顶尖公司的认可，想离开这个公司。

老板拼命挽留你，并开出更优厚的待遇。同事们也劝你留下来，跳来跳去都差不多。

这个时候，你如何选择？

这个时候，你需要明白的是：你追求的是什么？

在做决定的时候，一定要摆脱感情的束缚，克服追求安逸的惰性。

时刻要牢记，创造更大的价值——起码大于现在的价值，才是一个人最大的价值，也是最高道德标准。

如何做决定？尤其是，如何做出好的决定？

其实，没有人总能做出好的决定。

我的理解是，"好的决定"其实是没有标准的，何况未来谁说得定呢？德国人选举希特勒上台的时候，相当长的一段时间里，大家都认为自己的选择是对的，直到第二次世界大战战败。

而且，无论如何，人总是会后悔的。娶了白玫瑰，后悔没选红玫瑰。娶了红玫瑰，又遗憾错过白玫瑰。人性就是如此。

所以，我们寻求"不差的决定"就可以了。起码，这样自己不会觉得压力太大，也不会因为选择太差而沮丧。

做出决定后，将时间和精力花在执行上。不管选择哪条路，只要下定决心往前走，任何一条路，都会被你走成一条好路！而站在原地不走，陷入纠结犹豫中，就是自己跟自己内耗，那么任何一条路对你而言都是死路。

当你做出了一系列不差的决定后，通过不断叠加，产生的效益也是很大的。

股神巴菲特就是这么做的。

有人跟我说过一句话，我一直记着。

他说："在你做决定的时候，不要想你会得到什么，而要想你会失去什么。"

以前不太懂，直到过了好些年，我现在慢慢懂了。

在面临抉择的事情时，我都会问自己，做了这件事，我会失去什么。

如果我可以接受，那我就一条路走到底。

在我看来，所谓"决定"就是，只要你不后悔，它就是绝对正确的。

人生的意义不在于拿到一手好牌，而在于打好一手烂牌。事实上，绝大多数人拿到的都是烂牌。同样的道理，人生没有好路坏路之分，走好了都是好路。做决定也是如此，只要你不后悔，就没什么可纠结的。谁年轻的时候没犯过错呢？

所以，我们只要跟随自己的内心和直觉，果断做出决定，不后悔就好。

如何从变化中获益

在生活中，随机性无处不在，一切都充满了不确定性。突如其来的变化，总是让我们猝不及防，狼狈不堪。

那么，如何应对各种变化呢？美国畅销书作家、前对冲基金经理纳西姆·塔勒布教授一直专注于研究随机事件，他给出了他的答案。塔勒布的第一本书《黑天鹅》，提出了黑天鹅理论，我非常喜欢。当时，创办图书品牌黑天鹅的时候，也借鉴了这个名字。这本书能够让人改变自己的思维方式，把握随机的机会，采取相应的策略，从中受益。

后来，塔勒布教授又出版了一本书《反脆弱》，广受好评。这本书在《黑天鹅》的基础上深化了他的研究成果。我和身边的朋友读完之后，都纷纷叫好。这本书带给我的最大感受就是，不要害怕失去掌控感。

没有按照计划行事，事情充满不确定性，失去对生活的控制……这些事情会让我们变得焦虑，其实并没有什么大不了。让人害怕的压力、挑战、混乱，其实是滋生反脆弱的武器，能让你变得更强大。

什么是反脆弱?

人生在世,"名利"二字。人人都想赚大钱,那么什么钱最好赚?赚钱最容易的莫过于金融界,而金融界最赚钱的就是大投机者。他们赚的是什么钱呢?赚的是系统脆弱性的钱。

人类总是以为人定胜天,一心想设计出一个完美的系统。一开始,这个系统运转良好,人们开始大意,忘记了未知的不确定性和风险。一旦出现了意料之外的变化,之前运转良好的系统就会瞬间崩塌,损失之惨重,甚至远远超过系统带来的益处。

这样的例子不胜枚举。

工程圈,切尔诺贝利事件和日本福岛核泄漏事件。

金融圈,1997年东南亚国家强行维持高汇率,结果被索罗斯做空,导致经济遭受重创。

2007年,对冲基金经理约翰·保尔森,看出了貌似如日中天的次级贷款利益链的脆弱性,在合适的时间对次贷证券进行卖空,获得了590%的惊人收益率,拿到了10亿美元的佣金。

针对无处无时不在的脆弱和无法预知的变化,塔勒布教授提出了一个概念,叫反脆弱。

为什么叫反脆弱?塔勒布教授发现,有些事情能从冲击中受益,当暴露在波动性、随机性、混乱和压力、风险和不确定性下时,它们反而能茁壮成长。不过,因为没有合适的词语来形容脆弱的对立面,所以,姑且叫它反脆弱。

那么,什么是反脆弱?

塔勒布教授认为，几乎所有的事物都可以分为三类：脆弱类、强韧类和反脆弱类。脆弱的事物喜欢平静的环境，反脆弱的事物在混乱中成长，强韧的事物并不太在意环境。简单来说，变化或不确定性会摧毁脆弱类事物，却会使反脆弱类获益，但不会对强韧类产生影响。

那么，如何区分脆弱类与反脆弱类？很简单，从随机事件或者一定冲击中获得的有利结果大于不利结果的，就是反脆弱的，反之则是脆弱的。

脆弱性可以被表述为：不喜欢波动性的事物，而且这些事物往往也不喜欢随机性、不确定性、混乱、错误、压力等。比如，客厅里的玻璃相框、花瓶、茶具、橱柜里的手办，等等。如果你给它们贴上脆弱的标签，那么你一定希望它们能处于一个平静、有序和可预测的环境中。亲戚家的熊孩子，一次手滑，或者一场地震，就有可能破坏这一切。

作者引用神话来类比事物的三种特性。

脆弱性：用一根马鬃吊着的达摩克利斯之剑，看似一切平静，但难以抵抗任何风险，随时都有可能掉下来，杀死达摩克利斯；

强韧性：凤凰，每一次烈火中重生都以同样的姿态出现，堪称打不死的小强；

反脆弱性：九头蛇，每砍掉一个头，会新长出两个头，比原来更加强大。

拿杯子来打比方的话。

一个玻璃杯放在桌子上，摔到地上的时候会马上破碎，所以玻璃杯是脆弱的；

如果摔到地上的是一个塑料杯，它不会破碎，所以塑料杯是强韧的；

然而，若有一种杯子摔到地上，它不但没有破碎，反而变成了两个杯子，那么它就是反脆弱的。

简单来说，反脆弱就是能够在突如其来的变化冲击下获益的能力。反脆弱可以帮助我们应对未知的事情，解决我们不了解的问题。然而，反脆弱的重要性一直被低估了，挫折、困扰甚至苦难，事实上一直是推动社会进步的动力。

在这个充满变化的时代，你必须成为凤凰，或者是九头蛇怪，否则达摩克利斯之剑便会当头落下。

从某种程度上来说，脆弱之所以层出不穷，某种意义上来自脆弱推手。

什么是脆弱推手？

所谓脆弱推手，就是人为干预自然规律、周期和过程的人，以及那些有能力影响事物，却不需要为此承担责任的人。

脆弱推手总是一本正经，循规蹈矩，认为未知的一切都是不存在的，干扰自己不明白的事情。正是因为这些脆弱推手的存在，人们变得越来越容易被脆弱击倒。

2008年，金融风暴就是超级脆弱推手导致的。美联储主席艾伦·格林斯潘旨在消除"经济繁荣与衰退的周期"的各种措施，导致各种隐藏风险不断积聚，最终摧毁了经济。

医学界的脆弱推手会否认人体的自愈能力，而进行过度干预，给病人开了有严重副作用的药物。

有些父母过于宠溺孩子，大包大揽，为孩子挡风遮雨，生怕孩子吃苦受累，其实是剥夺了他成长的机会。在这种情况下长大的孩子，都变得十分脆弱，难以妥善地应对变化。

有些媒体、评论家或者专家，对他人评头论足，有时候为了博人眼球，不惜哗众取宠，刻意曲解、夸大事实。长此以往，人们对未来缺乏信心，社会风气也变得充满戾气。

这些旨在消除周期、无视规律的努力，是所有脆弱性的根源。

人类社会发展到今天，并非得益于政策制定者，而是得益于一些甘愿冒险、甘愿承担失误后果的人，他们是值得社会尊重的人。

其实，越稳定的越脆弱。

这个世界，随机性和不确定性是一直存在的，然而由于人类天性喜欢安全感和确定性，因此绝大多数人都喜欢稳定，即使这个稳定只是大脑自我营造的假象。正因为这样，人们都喜欢稳定的工作。

然而，运用反脆弱的观点来看待这个问题，就会有不一样的看法。

在书中，塔勒布教授举了一个例子。

约翰和乔治是双胞胎兄弟，他们出生于塞浦路斯，目前都住在伦敦。哥哥约翰在一家世界 500 强银行的人事部门工作了 25 年，负责全球员工的调动和外派；弟弟乔治是一名出租车司机。

约翰拥有一份完全可预测的收入，享有各种福利和 4 个星期的带薪年假。每个月，约翰都要存 3082 英镑到银行，一部分是为了还房贷，一部分是为了支付账单，剩下的一小部分作为积蓄。每个周六，约翰总会早早起床，感觉生活很美好。

后来，金融危机爆发，约翰被裁员，职业生涯就此终结。

乔治与他的哥哥住在同一条街上，是一名出租车司机。乔治的收入变化很大，运气好的日子，能赚几百英镑，运气不好则要赔钱。但是，从总体来看，他的收入和哥哥的几乎一样。

由于收入的起伏很大，乔治总是抱怨自己的工作没有哥哥稳定，但实际上这是一种错觉，因为乔治的工作其实更稳定一些。

这就是生活中的核心错觉，即认为随机性是有风险的，是坏事，消除随机性，就可以消除风险。

技术人员，比如说出租车司机、木匠、水管工、裁缝和牙医，他们的收入有一定的波动性，但他们的职业对于突发事件和风险，有着强韧的抵御能力。这与公司雇员不一样，后者一般不承受波动性，因而如果失业，他们只会大感意外。雇员的风险是隐性的。

事实上，表面看上去很稳定的事物，其实很脆弱；而给人以脆弱假象的其实却很强大，甚至具有反脆弱性。

好些年前，一位好友面临职业选择，最终在公务员和企业中，他选择了后者。放弃人们看来稳定的公务员工作，实在有点让人费解。他是这样解释的：

第一，公务员工作如果真的低投入高回报，那显然不合理，因为这种分配方式不稳定。不稳定的事物注定承受压力，现在是体制扛着压力，但未来体制肯定会为了适应压力而进行改革。而当大的变化发生的时候，体制中的个体就像温水中的青蛙，很难快速应对。

第二，公务员明面的收入很一般，灰色收入并不是每个人都有的，而且职业上升通道十分狭窄。这份工作的明确优势只有退休金高一些。然而，从工作到退休至少还有 35 年，如此长的时间里变数太多。如果留在体制内，像是一场没有把握的赌博。

如今，他有了自己的公司，事业风生水起。我不得不佩服他的眼光和逻辑。

如何获得反脆弱性？

风会熄灭蜡烛，却能使火越烧越旺。

对随机性、不确定性也是如此，你要利用它们，而不是躲避它们。你要成为火，渴望得到风的加持。

那么，该怎么做才能获得反脆弱性呢？

一、保持压力源

复杂系统在被剥夺压力源的情况下会被削弱，甚至被扼杀。塔勒布借用米特拉达梯的故事来说明压力源的作用。

传说，国王米特拉达梯四世在其父被暗杀后被迫东躲西藏，其间由于持续用药而摄入了尚不致命的有毒物质，随着剂量逐渐加大，竟练成了百毒不侵之身。

强韧化的道路常始于一点点的伤害。为了获得压力源，你要多行动，不要老是宅在家里，要多出去看看，探索世界，才能遇见一些新奇的事物，感受不确定性。此外，要多做一些能力之外的事情，多学习、钻研新的事物，保持一定的压力。

二、欢迎脆弱，拥抱变化

塔勒布强调，我们要拥抱变化。当你脆弱的时候，你往往倾向于墨守成规，尽量减少变化。因为变化往往弊大于利。如果你想做出改变，并且不关心未来结果的多种可能性，认为大多数结果都会对你有利，那么你具有反脆弱性。

有一句拉丁谚语："艺术家成长于饥饿之中。"如今，现代人却仍试图依赖舒适、安全和可预测的环境进行创新。罗马政治家老加图，将安逸视为通向堕落的道路。他不喜欢所有轻易就能获得的东西，因为他担心这样会削弱意志，走向堕落。

自动驾驶就是典型案例。由于自动化飞机的出现，大大地降低了飞行员的工作强度，飞行变成了一件舒服的事情。由于长期缺乏挑战性，飞行太惬意，飞行员的注意力和技能逐渐钝化，酿成了机毁人亡的惨剧。

三、从错误中学习

塔勒布认为，失败和成功都在向你传递信息。

我们在网购某样东西时，往往倾向于去看好评以支持自己的行动，而忽视掉了差评，或者认为它们不重要。我们也不喜欢失败，却忘记失败可以带来经验、反思，是成功前的练习。

错误，绝对没有想象中那么可怕，它其实是一种特殊的教育、一种宝贵的经验。有时候，错误中往往孕育着机会。换个念头去面对错误，可能是另一个更圆满的成果。

四、杠铃策略

《反脆弱》不仅讲明了随机性和不确定性是确实存在的，并且给出了应对之道，也就是杠铃策略。即采用处在两个极端的方式来处理事物，不走模棱两可的中间路线。

比如，在读书的时候，可以看无用的娱乐杂志，也可以看复杂的书或者经典著作，但不看平庸的书。

在生活上，可以做一些疯狂的小事，但是在重要决策上保持理智。

可以和出租车司机、园丁交流，也可以和优秀的学者交流，但不要和庸庸碌碌的人交流。

对于讨厌的人，要么随他去，要么彻底击垮他。

也就是说，永远都要有变化和不确定性，不要一直维持紧绷状态，这样会崩断，也不要一直过于安逸，这样会堕落。

五、保持好奇心

要知道梨子的滋味，就要自己尝一尝。

好奇心是具有反脆弱性的，就像上瘾症一样，你越是满足它，这种感觉就越强烈。当你越是深入地研究某事，就越是觉得有必要进一步深入了解此事。借用威尼斯的一句谚语就是："越是深入海底，海就越深。"

六、永远和优秀的人在一起

有人说，好马与劣马一起赛跑，最终会越跑越慢，而与更优秀的对手比赛则会越战越勇，成绩不断提高。所以，我们要和优秀的人一起共事，这样你才能成长得更快，提升自己的反脆弱性。

我们应该感谢脆弱。尼采有句名言："杀不死我的，使我更强大。"生命中的许多事物也会受益于压力、混乱、波动和不确定。就人类来说，人体可以从压力源的刺激中受益，变得更为强壮。比如，如果定期给骨骼施以一定的压力，不但不会损伤骨骼，反而有益于骨密度的上升。这一机制在医学上被命名为沃尔夫定律。

所以，给我们带来最大利益的，并不是那些试图帮助我们的人，而是那些曾努力伤害我们，但最终未能如愿的人。就如同有本书的书名——《感谢折磨你的人》。

如何利用潜意识控制行为

　　我有一个习惯。比如，我第二天早上要赶飞机，必须在 6 点 30 分起床，否则便很可能耽误行程。为了以防万一，我一般在晚上睡觉前定好 6 点 30 分的闹钟，但我总是能在 6 点 20 多分的时候醒来，几乎从来没有睡过头的时候。

　　这一点屡试不爽，非常神奇。

　　为什么？因为这是潜意识在起作用。

　　我们的大脑就好比一台电脑，醒来就意味着开机，睡觉则意味着进入休眠状态。而潜意识就是后台程序，你看不到它的存在，却在深层因素里记录你的一举一动，像一只看不见的手在操纵和影响着你。正确了解和运用潜意识，就相当于拿到了一把了解自己、提升潜能、读懂他人的钥匙。

什么是潜意识？

我们总是以为，所有的决定都是自己经过深思熟虑之后做出的。其实，还有一股隐藏的力量在幕后操纵着我们的思想。

这种力量就是潜意识。

我们的爷爷奶奶那一辈的人，因为小时候经常吃不饱饭、生活动荡不安，导致对饥饿的恐惧和安稳的依恋深入了他们的潜意识，成为了一种本能，支配着他们对日常生活的看法。

比如，找工作一定要找体制内的工作，因为稳定；

家里一定要多囤一些粮食肉菜才能安心；

即使家里并不缺钱，他们也会为了省一两块钱，横跨整个城市去买早市的菜。

可以说，潜意识决定了他们的人生态度和生活方式。

潜意识这个概念，最早是心理学家弗洛伊德提出来的。

在弗洛伊德看来，人的意识可以划分为显意识与潜意识。显意识是有意识的思维活动，它是露出水面的冰山一角，而潜意识就像潜藏在内心的冰山，在大部分时间难以被我们认识和感知。然而，我们的行为和思想却无时无刻不在受着潜意识的影响，它的能量大大超出我们的想象。

聚会的时候，如果你下意识地和某人保持距离，不愿意挨着他坐，说明你的潜意识在起作用。至于原因，有可能是你们不熟，也有可能是内心里不太喜欢他。

潜意识和显意识的区别在于，潜意识不需要思考，显意识需要思考。因为思考的速度太慢，无法应对突发状况，于是就有了潜意识，比如身后出现阴影的时候就会吓一跳，在黑暗的地方会感觉不安。

显意识是可以进行推理、选择的，我们可以决定做什么、不做什么。例如，你可以选择看什么电影，坐地铁还是打车回家。

而潜意识平时不易被察觉，不动声色地影响我们的思维方式与行动。例如看到杨梅就会咽口水，看到猛兽就想逃，这就是潜意识的作用。

潜意识拥有强大的处理能力，可以同时处理很多事件而不冲突。潜意识分不清好坏、对错，它表达的是最真实的"我"的想法，完全不加掩饰，不受思维控制，又可以反过来控制思维或行动。

潜意识在我们的人生中扮演着极为重要的角色，它也是让人类能够在进化中存活的关键因素。有意识的思考，能够帮助你选择职业、做数学题、构思文章，但是在躲避危险时，比如突然冲向你的汽车，只有潜意识的快速反应才能拯救你。

潜意识对人的行为有很强的导向作用。在购物的时候，显意识使我们选择应该买什么，但是潜意识却决定了我们喜欢什么。所以，在购物的时候，我们很容易受潜意识影响，买了性价比不高但自己却很喜欢的东西。

潜意识是如何影响我们的呢？

潜意识，就像一只看不见的手，在影响着我们的生活。那么，潜意识是怎么影响人们的呢？

如今，即使是科学家也很难解释两个人为什么相爱。但是心理学家发现，姓名也会对爱情产生影响。在美国，姓史密斯的人总是更容易与姓史密斯的人结婚，概率要比其他几个人数相当的大姓——强生、威廉姆斯、约翰斯和布朗高出 3 ~ 5 倍。而且，在姓强生、威廉姆斯、约翰斯和布朗的人中，也是如此。在美国，同姓之间没有什么忌讳，反而更增添了熟悉感。

这个现象告诉我们，人们潜意识里更偏爱与自己有着同样特点的事物，哪怕只是姓氏。科学家发现，大脑中的背侧纹状体主导着动机和习惯的形成，它主宰了这样的偏好。

广告商早就知道，价格、设计、包装、分量以及产品说明等，都会在无形中影响到消费者。让人惊讶的是，人们坚决否认被这些因素所操纵，我们常常认为这些因素能影响到别人，却轻易影响不了自己。

加利福尼亚理工学院的安东尼·罗杰尔教授做了一个实验，研究人员在英国超市的货架上摆放了价格和口味差不多的 4 种法国酒和 4 种德国酒，然后以天为单位，轮流播放法国音乐和德国音乐。在播放法国音乐时，销售的葡萄酒里有 77% 是产自法国的，而当播放德国音乐时，销售的葡萄酒里有 73% 产自德国。很明显，音乐影响了人们对葡萄酒产地的选择，而当消费者被问到播放的音乐是否影响了他们的选择时，只有 1/7 的人承认这一点。

人们总是认为，自己对一个产品的喜好是由产品的质量决定的，但实际上他们对这个产品的感受在很大程度上都是来自市场营销，而市场营销更多的是一种基于潜意识的影响。举例来说，同样的啤酒，标上不同的商标或价格，人们会觉得尝起来大不一样。

了解潜意识，不但有助于我们了解自己和世界，更有益于我们了解他人。

身由心生，我们的一举一动都受到了意识的支配。有些是出自显意识，有些则完全是出于潜意识。但不管是多么微小的动作，都不会无缘无故产生，其中必然暗含着一定的心理活动。

美国心理学家唐·艾茨做了一个有意思的调查，当两位美国总统候选人乔治·布什与戈尔在电视上进行辩论的时候，戈尔的眨眼频率超过了一分钟六十次，是正常眨眼速率的三倍。很多人可以看出，他当时的心情一定非常紧张。结果，在选举当天，戈尔惨败而归。很多美国公民认为，遇事慌张，难当大任。因为，在人们的潜意识里，眨眼的频率过高，会显得你很紧张。

人是一种社会性的动物，我们已经越来越善于隐藏内心真实的想法。但是我们的大脑还尚未进化到可以控制我们身体的任何一个部位。虽然敷衍的语言和伪装的表情可以掩饰我们内心的真实想法，但是身体的其他部位却会表达出内心最真实的想法。《魔鬼说服术》的作者詹姆斯·博格说过："如果你的身体语言表明你很讨厌我，那你脸上装得再和颜悦色也没有用。"

当你和某个人交谈的时候，气氛十分融洽。但是你仔细观察对方，如果对方不断地抖动着右腿，这说明，你的谈话让他感到厌烦，他希望赶快结束这场毫无意义的活动。

人体就好像一台发报机，每时每刻都在向外界发射信息。一个人的城府再深，也无法完全屏蔽所有的信息，你的潜意识总会把你出卖。

潜意识总是在不经意间向外界透露一个人的内心，以及一些隐藏的性格特质。如果你能够准确地把握这些信息，那么你就能够透过潜意识这扇窗户，读懂他内心真实的想法。所以，了解潜意识，可以帮助我们识人，在人际关系中占据有利位置。

如何了解和感知潜意识？

潜意识虽然难以察觉，但依然可以被了解和认知。我们可以通过这些方式来与潜意识沟通。

一、梦是潜意识通往意识的桥梁

梦可以给我们很多启发、鼓励，可以整理白天自己生活的心态，有着警示、指引的功能，还可以让你宣泄情绪或展现出被你自己压抑的人格特质。

解梦需要深厚的功底，普通人做了梦也不清楚它具体代表什么含义。不妨试着把自己的梦讲给别人听，或将梦记录下来，通过与自己的生活对比，时间久了你就会明白梦境在暗示什么。梦虽然只是虚幻的东西，不用太当真，但梦境往往会反映你内心深处隐藏的情绪。比如，你总担心失去你的爱人，于是你总会梦见他离开。这个梦就暴露了你内心最害怕的事情。

了解自己的弱点，有助于个人成长。

二、注意不经意说出或做出来的一些事

虽然与你本意不相同，但可能就是你潜意识里真正的想法。所以，你要留意一些一时嘴快说出来的话，或者一些不经意间脑子里闪过的念头，或者下意识的动作。这些都将有助于你了解自己。

三、每天出门的时候，停下来观察自己，是先迈左腿还是右腿

在一天之中，一个人95%的动作都是由潜意识支配的。通过观察这些动作，你慢慢就能察觉到自己的潜意识。这是一个非常简单有效的觉知训练。

四、搜索一下自己的语言，生成关键词云图

闲着的时候，可以试试用关键词云图，以天、星期、月、季度、年为周期，看看这个图是怎样描述自己的生活的。这是一种自我期待和自我雕塑。你的生活是你的潜意识雕塑出来的。通过分析，你就能明白自己的潜意识究竟想做些什么，找到自己的真实想法。

潜意识是人类发展数百万年流传下来的优势经验的积累，它深藏于基因之中，绝顶聪明，也值得我们挖掘，但是你的意识封闭了潜意识，使得它很难发挥作用。当你将潜意识和显意识的通道打通时，你会很自然地避开绝大部分糟糕的人和事，获得一种有如神助的感觉。在生活中，我们把这种状态称为"顺风顺水"或者"运气好"。

心理学家发现，当一个人的行为举止、显性思维与潜意识里的"我"一致性越高的时候，这个人就会越有满足感和幸福感；反之则越缺乏。

我们如何利用潜意识？

我们不用思考就知道跑步，不用计算就能知道一加一等于二。所谓的"潜意识"，其实是多次训练、反馈、记忆、习惯的结果。所以，要利用好潜意识，就要刻意地练习，获得反馈；研究更好的方式，最终形成习惯。

一、二选一法则

人在潜意识里总是喜欢在两者之间选择一个。

比如，你想邀请朋友一起去看电影，如果你问"我们一起去看电影，好不好"，那么很可能会得到否定的答案。但如果你问"我们是周五去看电影，还是周六去看"，这样就可以大大增加成功的概率。

在给下属布置任务的时候，你也可以说，你是愿意接受这个任务，还是接受那个任务。如此一来，下属就会心甘情愿地接受任务，而且觉得是自己的选择，主动性更强。

这种技巧的关键在于，你提供的两种或者多种选择，都是对方不太排斥的。

二、寻找共同点

所以，要提升与他人的关系，就可以利用这一点。如果双方有共同点，就会感觉心灵相通，很容易就能获得好感。

在和别人打交道的时候，你应该积极寻找相同点或者共同语言。有了共同语言，人们的关系自然而然就会变得亲近。利用好这一点，至关重要。可以先从天气、家乡、食物等谈起，慢慢寻找彼此的共同话题。只要你耐心寻找，总能找到一些共同语言。这种方式表明你理解对方的情绪，尊重他的情感，你们是一致的，是"自己人"，这就很容易获得对方的好感。

三、通过自我暗示来影响潜意识，从而提升自己

影响和改变他人，最有效的方法便是直接进入对方的潜意识。而要进入对方的潜意识，最好的方法便是暗示。

暗示有着一种神秘的力量，我们可以通过自我暗示的方式来影响潜意识，从而在潜移默化中改变思维方式，成就一个全新的自己。

有规律的、积极的自我暗示能够快速改变一个人的习惯、态度以及思维方式，清除内心里消极的想法。当你坚信某件事时，这个信念将影响着结果。你可以将你所处行业的最顶尖的人士的照片贴在办公桌或者床头，暗暗立下目标：我要做得和他一样出色！你也可以想象自己已经获得成功。成功者经常用这类暗示来提高自己的表现。在上场之前，世界级的跳高运动员就常暗示自己已经跳过了横杆，而顶尖推销员在推销之前则经常想象他已经获得了订单。

你每天只要花几分钟进行几次有意识的、积极的自我暗示，你就能训练出强大的潜意识，最终心想事成。

以上只是潜意识的简单、初级运用。更深层、更有效的方法，还需要大家不断地探索。潜意识在我们的生活中起着举足轻重的作用。只要我们能够掌握好潜意识的运作规律，就能成就更强大的自己。

如何做好目标管理

目标管理，最早是由管理大师彼得·德鲁克提出来的。这本来是一个企业管理概念，但也适用于自我管理。

目标管理在自我管理中占有极其重要的位置，它既是出发点，也是最终归宿。

谁都有目标，谁都有人生规划，但是大部分人的目标却在不停变化更换，或者只停留在口号阶段，很难善始善终。这些人，是苦苦挣扎的普通青年，空有目标，却很难做到。真正能将人生目标逐一贯彻到底的，据我所知，只有一个人，他就是孙正义。

孙正义在他 19 岁上大学的时候，就制定了"人生 50 年规划"。

20 多岁的时候，正式开创事业；

30 多岁的时候，至少要赚到 1000 亿日元；

40 岁，为干出一番大事业，开始出击；

50 多岁的时候，成就大业；

60 多岁，交棒给下任管理者。

让人不得不服的是，他全部做到了。

日本知名作家井上笃夫一直在研究孙正义，他总结道："20多年来，我一直以一个历史记录者的身份在关注他。他所说过的话，尽管细节部分会有所出入，但根本的部分却是样样都变成了现实。"

可见，做好目标管理，对你的人生来说至关重要。找到你真正的人生目标，做好目标管理，就能让你的人生坚定不移，一路向前。

以前，我在网上看到一个段子。说有个人觉得走路上班有点累，就想去买辆自行车。结果，他发现每加一点钱，就能买到更好的。经过层层加码，最后他买了辆劳斯莱斯。

我看了后，觉得这是一个搞笑又荒谬的段子，现实中怎么可能有这种事情？

前一段时间，我想要买一支钢笔，国内没有满意的，在朋友的推荐下，就在国外海淘了一支。下完单，我觉得钢笔这么轻，花那么多运费不划算，于是就干脆买了3支，这样免掉了运费。后来，我查了一下，3支很轻，离首重还有段距离，可以凑单买点别的。挑挑拣拣了几个小时，我又买了一件衬衫、一双皮鞋。当时，我心里还挺得意，觉得自己这次买得值，也没浪费钱。

后来，信用卡还款的时候，我才发现一个悲哀的事实。我最初本来不是打算买一支钢笔吗？为什么最终花了几千元，买了一堆其实我并不怎么需要的东西？

由于人的本性和社会的影响，我们的关注点很容易被干扰，即使是非常专注理性的人，也很难坚持自己的初心。对于这一点，黎巴嫩著名诗人纪伯伦就曾经感叹："我们已经走得太远，以至于忘记了为什么而出发。"

那么，你的目标是什么？在这里，我说的目标，是指你发自内心的真正目标。事实上，不经过一番对内心的拷问和反省，你是很难找到真正的目标的。很多人会说，我的人生目标是成为超级富豪；我的人生目标是睡觉睡到自然醒、数钱数到手抽筋；我的人生目标是财富自由，环游世界；我的人生目标是出任 CEO，迎娶白富美，走上人生巅峰。其实，这些严格来说只是一种欲望和渴求。没有经过内心拷问和深刻思考的人生目标，并不是真正的人生目标。

那么，有没有什么方法可以找到自己的人生目标呢？励志演说家、作家史蒂夫·帕里那介绍了一种方法，可以让人迅速找到人生目标。这一方法在国外颇有影响力，而且已经得到了上千万人的验证。如果你愿意尝试，愿意按照要求去做，那么你可以在 20 分钟到 1 个小时内找到你的人生目标。

在开始之前，你必须先清空脑中之前被教导的所有虚假目的，包括那种你也许根本没有人生目标的想法。接下来，就是具体步骤：

1. 不管你有多忙，找出一个小时的时间。关掉手机和电脑，关上房门，保证这一个小时没有任何打扰。这一个小时只属于你，这可能是你人生最重要的一个小时。你的生命可能在这一个小时内变得不同。

2. 准备几张白纸和一支笔。当然，在电脑上写文档也是可以的。

3. 在第一张白纸的顶部写下一句话："我这辈子活着是为了什么？"

4. 接下来你要做的，就是写下你脑海中的任何答案。任何想法都可以，几个字也行，比如"赚很多钱"。

5. 不断重复第4步，直到写出能让自己感到触动、动心甚至哭泣的答案。这便是你的人生目标。

一般来说，你需要花上15～20分钟时间，来清除脑中所有杂念，去掉其他干扰。那些虚假答案源自你的思维习惯和记忆。但当真正答案最终抵达眼前时，它将令你为之吃惊。

对于有些人来说，把所有虚假答案都清出脑外，要花费一些时间，很可能会多于一个小时。但若你坚持下去，写下100、200甚至500个答案后，你终将发现那个将你彻底击溃的答案。所以，无论如何，都要写完。

当经历这一过程时，你的某些答案将非常相似，甚至可能重新写出之前写过的答案。随后，你又可能突然转入全新方向，沿着其他主题写出更多答案。这些情况都很正常。只要你一直在写，就可以列出跳进自己脑中的任何答案。

在此过程中的某一时刻，经常是写过50～100个答案后，你也许想放弃努力，难以看出它能产生任何有用的结果。你可能想起身干点别的，请一定要控制住。只管一直写下去，那种抵制感受最后就会逐渐消散。

你也可能发现，有几个答案似乎给自己带来了一点情感波澜，但它们还无法使你动心甚至哭泣。那么，请在继续书写过程中标记这些答案，这样你以后就能想出一些新的排列组合。它们每一条都反映出你的一部分人生目标，但单独呈现时并不完整。当你开始不断写出这种答案，它只意味着你正进入热身阶段。请继续写下去。

如果你是个虚无主义者，对什么都无所谓，那就直接写下"我没有人生目标"，或者"人生毫无意义"。然后，以这些答案为起点，开始书写答案。假如你继续书写下去，最终仍然能够获得结果。

不管通过这套方法你最终有没有找到"人生目标"，只要你认真地做下来，就一定会有收获。在一连自问自答几十次后，你会更深入地了解自己的内心。也许，还能发现一个全新的自己。

发现你的人生目标其实是比较容易的部分。艰难的部分则是每天牢记目标，时刻加以管理，并通过不懈努力让它实现。若没有目标管理，你所谓的目标就如同风中的肥皂泡，随风飘摇，马上便会破灭。

关于目标管理，我讲讲我的一些经历和感触，希望能够给大家一些帮助和启发。

干别人不愿意干的活儿，走少有人走的路

小米的崛起，标志着草根经济成型；papi 酱的走红，标志着草根上位。这说明，以前不为人注意的、被忽视的群体，依然具有不可忽视的能量。它可以撑起小米，可以捧红 papi 酱，也一定可以成就你。

如今是一个分工越来越细的时代。相对应地，机会也无处不在，

无时不有。但总体来看，以金融投资为代表的行业，机会看起来多，而且风光体面，但竞争最激烈，已经是处于过度竞争的红海。所以，我们要打破追求高大上的惯性思维，下笨功夫，干脏活累活。走少有人走的路，虽然艰辛，但绝对值得。

因为，看起来一片大好的机会，往往并不是机会。看起来艰辛的机会，未必就没有前途。

马云做阿里巴巴，目的是为中小企业提供交易平台。谷歌做搜索引擎，也是旨在为中小企业提供广告服务。他们在成立之初，都是不被看好的。马云到处拉投资，都没人愿意搭理他。如果不是孙正义慧眼识英才，在最艰难的时候施以援手，估计就没有今天的阿里巴巴了。1997 年的雅虎如日中天，谷歌创始人拉里·佩奇想 100 万美元出售谷歌，但是被雅虎拒绝了。如今，谷歌市值 5160 亿美元，而雅虎却仅以 48 亿美元的价格被收购了。

所以，我一直告诫我们的员工，要打开局面，就要打破做项目、做名人名家的惯性思维。我们不要把眼光都放在《盗墓笔记》《明朝那些事儿》上，而应放在打造下一个《盗墓笔记》《明朝那些事儿》上。我们的目标是孵化 IP，而不是帮名家做好 IP。

有时候，目标指向别人看不到的地方，做一些别人不愿意做的事情，就如同智取威虎山，不走寻常路，方能有奇效。

间接的事情比直接的目标更重要

与闻传媒刚成立的时候，我们招了一个销售经理。因为产品还没有上线，我就给他两个月时间去了解产品。毕竟，只有了解如何打造产品，才能更好地销售产品。

两个星期后，销售经理反馈说，他觉得工作量不够饱和，要求我再给他安排点其他的事情。

我就告诉他，怎么会觉得工作量不够呢？那我们来算一算。

我给你两个月的时间了解产品的前端，考虑到中间有春节假期，所以，你只有一个半月的时间。等到产品上线以后，你就没时间学习了。

选题一般有三个来源：第一，自己找选题；第二，选择或者参与正在开发的选题；第三，当作者，自己策划，自己写内容。

按照最快的第二种和第三种方案，从策划选题到签约，大概需要两个星期。

产品要上线，至少要准备 10 段音频内容，这里需要三四个星期。

内容写好了，需要加工制作，然后上市，至少需要一个星期的时间。

你看，时间其实不是多了，而是太少了。

谈完之后，他顿时觉得时间严重不够，有很多的事情要做。

一般来说，销售更为关注销售，而对产品缺乏了解。

然而，事情往往是在间接的事情上找到存在感和突破口。

与目标最直接的事情，其实并不是当下最重要的事情。

所以，我们在对目标进行管理的时候，不要太短视，只盯着直接目标。有些不起眼的事情，往往是某个阶段最重要的事情。毕竟，磨刀不误砍柴工。

生活，可以很直接，饿了吃，渴了喝，困了睡。但工作，往往是以间接的方式做成了。有时候，间接的事情比直接的目标更重要。

不要只考虑自身的资源，也要善于发现和运用外部资源

我们公司的音频总监，刚开始上班的时候，精神状态很好，充满干劲。

没多久，他找到我，要求招人，说一个人忙不过来，总觉得时间不够用。

我问他，需要招几个人。

他说招一个。

我说，招一个人能不能解决问题？这个是问题的关键。不如我们先来算一笔账。

一般来说，剪辑一段音频，需要花费 1 个小时左右。目前，音频总监 1 个人一天可以剪辑 4 段音频，一周下来就是 20 段音频，一个月也就是 80 段音频。

但是，以后我们要准备上 80 档节目，大概每天 2 集，一天就要剪辑 160 段音频。所以，到时候不要说招 1 个人，就是招一个团队都解决不了问题。

那么，怎么办？

首先，你可以固定地把上午的时间用来做剪辑音频，一上午大概可以完成 4 段音频的目标。下午用来做别的工作。毕竟，你的时间和精力应该放在指导作者上。

其次，你可以利用外部资源，事半功倍地解决问题。

之前，我们在《恋爱成长学院》，一天要剪辑 80 多段音频。我们就将这项工作全部外包，找了两个兼职，每个人 3000 元，一个月总共 6000 元就能够搞定。

所以，我们现在遇到的问题，你也可以从外部寻找资源。考虑到我们的节目比较多，你可以找 15 个固定的兼职，保证有节目要剪辑的时候都能找到人。

为了节省成本，外包的时候，眼光不要放在北、上、广、深等一线城市，要把目光投向二、三线城市。兼职人员对报酬要求不高，时间也更有保证。

这样实现了双赢，何乐而不为？

至此，我们的问题完美解决了。成本更低，而且效果更好。

其实，这和卖保险是一个道理。只卖亲友保险的，肯定成不了金牌销售，你必须倚重陌生人这个外部资源。

所以，在实现目标的时候，一定要多发现和调用外部资源。要不然，在现实的压力下，你很难坚守你的目标。

要守住边界

曾经，有个很好的机会摆在与闻传媒的面前，但我们考虑到，广告投放不是我们的核心业务，也是我们能力之外的事情。所以我们放弃了。

互联网虽然充满机会，但也充满了不确定性，要长期赚钱，就要守住边界，眼光放远，抵挡住诱惑，时刻牢记自己的目标。

一位前辈有句话说得好，本来要露脸，结果露了屁股。这种事情，绝对不要做。

我们要时刻牢记：我的能力是什么？边界是什么？目标是什么？做好战略定位，脚踏实地地去实现目标，做务实的理想主义者。

如果你什么都想要，什么钱都想赚，什么领域都要涉及，那么，你的目标也会随之变得混乱，与目标相关的一切也会发生变化。长此以往，也就离"露屁股"不远了。

如何驱动自己

如果你是一个普通白领，每天努力工作，却看不到未来，内心很迷茫；想努力奋斗，却缺乏动力。这时候，你如何激发自己的工作热情？

如果你是一家公司的老板，为了提升竞争力和利润，你激励员工去提高工作效率。但是员工觉得，工作只是谋生的工具，企业的利润跟他们没有关系。这时候，你应该如何让员工干劲十足？

一直以来，我们的生活都是在这种机制下运转的：努力就可以考出好成绩，我们学习时就更加用功；老板许诺升职加薪，我们工作时就特别卖力；迟到要扣工资，我们就准时上班……

然而，效率专家、畅销书作家丹尼尔·平克通过对人类激励机制的研究，发现奖励或者惩罚的作用越来越微弱了。

那么，在强调个性和创造性的当下，我们如何驱动自己？在《驱动力》一书中，丹尼尔·平克给出的答案是，找到内在驱动力。

在很多人看来，工作是一件枯燥无味的事情，极少数人会喜欢工作。如同汽车需要燃油才能开动一样，我们必须有一定的动力来驱动自己，才能做好工作。内在驱动力对我们的影响，往往超过常人的想象。研究"动机"的佛罗里达州立大学教授安德斯·埃里克森称，驱动力是成就的关键因素，那些成功的人之所以成功，很多时候只是因为在某些事上，保持了比其他人更持久和强烈的驱动力。他通过研究得出一个结论，**你在一件事情上做得越久，你的天赋和能力就会变得越不重要，驱动力的影响却变得越来越重要。**

那么，对于一个人来说，主要的驱动力有哪几种？心理学家通过研究认为，目前有三种主要的驱动力。

第一种驱动力是生物性驱动力。我们需要衣食住行来保障自己的生活，不通过工作赚钱，就无法生存下去。这是驱动力1.0模式。

第二种驱动力是做出特定行为时带来的奖励或惩罚。公司承诺如果完成任务，就能拿到奖金，我们会工作得更努力；公司规定迟到要扣钱，我们就会注意考勤。目前，这是应用最普遍的驱动模式。

但是，一直运转良好的胡萝卜加大棒的驱动力2.0模式，在当下越来越强调的创造性工作中失灵了。很多实验证明：奖励和惩罚能起到短期的激励作用，却会损害长期的积极性，引发各种问题。

比如，西尔斯公司给汽车维修工增加绩效，结果导致维修工为了多收客户的钱，进行不必要的修理；运动员为了取得更好的成绩，赚到更多的奖金，不惜服用兴奋剂。

如果问人们一个问题，工作为了什么？很多人都会毫不犹豫地回答，当然是为了钱。然而，物质上的奖励真的就是灵丹妙药吗？

1969 年，卡内基·梅隆大学的一名心理学研究生爱德华·德西对"积极性"这一主题产生了兴趣，于是他做了一个实验。

他把被试者分为 A、B 两组，来完成一个指定的任务。

第一天，A 组和 B 组都没有奖励，两者完成任务的时间没有明显差别。

第二天，A 组有奖励，而 B 组没有奖励，A 组用的时间反而比 B 组多。

第三天，A 组和 B 组都没有奖励，A 组所用的时间减少，而 B 组所用的时间增加了。

这说明，当把金钱当作某种行为的外部奖励时，人们就失去了对这项活动的内在兴趣。

既然胡萝卜会失效，那大棒呢？

2000 年，以色列经济学家尤里·格尼茨和阿尔多·拉切奇尼对以色列海法的一家儿童日托中心进行了 20 周的研究。这家日托中心每天 16：00 关门，家长必须在关门前接走孩子，否则老师就要加班。然而，有很多家长总是迟到，这让日托中心很是头痛。

于是，经济学家们在征得日托中心的同意后，决定对迟到的家长罚款。

他们希望通过罚款的方式给家长教训，让他们不要再迟到了。然而，执行罚款后，家长迟到的人数不但没有减少，反而稳步增加。

其实，家长有守时的内在欲望，毕竟他们也不想让孩子等自己，但是罚款却把这一切变成了纯粹的交易——反正花钱就可以迟到，我干脆花钱好了。可见，惩罚也并不能很好地发挥作用。

慢慢地，胡萝卜加大棒的奖惩模式已经不管用了，人们对奖励和惩罚并不是那么在意了。如今，第三种驱动力开始登场。

第三种驱动力就是内在动机。这种驱动力来自成就感和愉悦感。有些人能够从工作中得到乐趣，对他们来说，工作所带来的愉悦感就是奖励。当销售员签订一个大单的时候，当画家画完一幅满意的油画的时候，运动员在比赛中拿到冠军的时候，内心的成就感是无与伦比的。这种奖励，可以称之为"既然—那么"型奖励（既然你做这个，那么就能得到那个）。

当下，最常见也最传统的激励因素，就是"如果—那么"型奖励（如果你做这个，那么就能得到那个），对于很多简单机械的工作很有效，但对于需要创造力和概念思维能力的复杂右脑工作来说，这些激励因素大多没什么效果。

当下，前两种驱动方式都出现了一些问题。在解决新问题或者创造新事物时，在很大程度上需要依靠第三种驱动力。**如今，是一个自我驱动的时代。**

现在，仅美国就有 1800 万人在为自己工作，没有下属，也没有老板。因此，他们不需要管理和激励别人，也不需要被管理和激励。他们只能自我管理。而且，由于组织机构变得扁平化，远程办公变得越来越普遍，公司越来越需要能够自我激励的员工。

麻省理工学院的管理学教授雷姆·莱克汉尼和波士顿咨询集团咨询师鲍勃·沃尔夫，对 684 名开源开发者进行了调查，询问他们为什么愿意参加到这些项目中去。他们发现最强大、最常见的动机是：他们参与项目时感受到的创造力和乐趣。

澳大利亚有一家软件公司 Atlassian，经常给软件工程师 24 个小时的时间，让他们做一些自己想做的事情。于是，这些工程师便利用这些时间，写出一些有趣的程序，想出一些好创意。

结果，凭借着一个个高度自主的 24 小时，他们做出了很多革新。这个计划的成功，让 Atlassian 推出了"五分之一时间"工作法：工程师可以用五分之一的时间来做自己想做的事情，而且完全独立自由，不受他人干涉。谷歌把这个想法发扬光大，广为推行。如今，谷歌有一半的新产品，都来自"五分之一时间"。

如果你想找设计师做一张燃一点的海报，你应该怎么驱动他？

你不应该给设计师"如果—那么"型奖励，告诉他："如果你给我弄张能震撼到我的海报，我就给你一万元奖金。"这是最常见的激励方法，却不管用。设计海报不是机械劳动，它需要脑力运动，需要打破限制，需要艺术化的思维。

你应该把它改成"既然—那么"型奖励。比如，在海报做好的时候说："颜色用得真棒，干得漂亮。既然这样，下午茶想吃什么，我请你们全部门吃。"

因此，如果海报很棒，你还可以给设计团队买一箱零食，或者他们喜欢的演出票，甚至是一张请假条，允许他无理由请假一天。对于设计师来说，设计是他的工作，他从来没有期待额外获得些什么。你只需要对他们的杰出工作表示欣赏就可以了，并且提供一些具体的反馈，如果有一些意外的惊喜，那就最好不过了。

那么，驱动力从何而来？要么是天生的，好胜心或者天赋能够赋予他强大的自我驱动力，要么就是后天练就的，也许是和长辈的一次谈话，也许是一本书，也许是一部电影，也许是一次重大的挫折。

如果我不是在 16 岁的时候看到《创世纪》，也许我现在还在工地上搬砖，或者成为了一个混混儿。驱动力改变了我的人生轨迹。

从小我就很叛逆，不爱读书。我姐的成绩一直是全校数一数二，而我是全班倒数一二。那个时候《古惑仔》特别流行，我也深受影响，一心觉得自己应该当大哥。初中的时候，打架、逃课对我来说是家常便饭，我还离家出走过。最终，高一的时候，我辍学了。

当时的我一心想当古惑仔，整天打牌、打架，到处乱混。姨夫觉得我天天在家闲着也不是办法，就让我去他的建筑公司上班。于是，16 岁的时候，我成为了一名建筑工人。

虽然都是工人，但我和其他建筑工人不同。别人为了生计，而我只是为了过渡，赚点零用钱。所以，第一个月的工资我买了一台BP 机，第二个月的工资我就用来打牌。

慢慢地，我发现自己做事情还是很投入的。想做古惑仔，我就很认真地先做一名大哥。做建筑工人，我也同样认真对待，爬七八层楼高的塔吊、晚上通宵施工，对我来说丝毫不觉得苦和累。

这时候，一次偶然的机会，我看了一部 TVB 电视剧《创世纪》。这部电视剧讲述了一个地产大亨的故事。直到现在，我还记得里边的两句经典台词。

第一句是主人公叶荣添说的——要把不可能变成可能。

第二句是男主角他爸告诉他的——万丈高楼平地起，先要把基础打牢。

这两句，我当时牢牢记住了。

《创世纪》坚定了我的目标。我觉得姨夫的公司太小了，我要读书，未来做地产大亨，或者从事金融业。这是我人生的第二个目标，也是我真正意义上的理想。

抱着这种想法，我回到了校园。因为当时是上半年，我只能从初三开始念起。当时，我参加了三次月考，第一次月考平均分为20分，第二次月考平均分为50分，第三次月考平均分为70分。

后来，升高中的时候，我进入了一所私立中学，被分在普通班。

目标一旦明确，剩下的就是努力了。当时的我，恨不得不吃不喝地学习。我用了一个暑假的时间，把高中三年的英语单词背完，把高中三年的数学全部自学完了。第一个学期期末考试的时候，我是班上第一名。当时，我比同龄的学生晚了两届，我必须争取时间，迎头赶上他们。所以我跳了一级，直接去读高二。

当时，对于湖南的小县城高中生来说，应届生考大学比较难，复读生考大学比较容易。高三的时候，我就想直接去读复读班。这时候，家里和校长都不同意，他们觉得我没有受过系统的高中学习，去复读班纯属浪费名额。

我不信邪。从8月1日开始，我每天下午都去校长家楼下等他。校长实在被缠得没办法了，在8月28日那天给我写了一张字条，同意了。

我高兴坏了，马上就把课桌搬到了复读班，但是复读班老师不同意，让我走。我说校长都同意了，直接把课桌搬到了最后一排，硬是要坐在那里。

高考成绩出来后，我考了550分，全班第十名，被湖南师范大学录取了。老师和家里人大吃一惊。

填志愿的时候，我报了四个专业：经济、金融、市场营销、企业管理，但都没有录取我。我被调剂到了新闻与传播学院学编辑出版。当时，我有点郁闷，我觉得我的目标是做房地产、金融，学出版太不符合我的理想了。后来一想，我没时间抱怨了，我必须抢时间，为将来打好基础。

于是，我把大部分的时间都放在学习金融和经济上。我把商学院的教科书全部买回来，每天早上六点就去商学院学习。同学看我这么勤奋，以为我要考研。其实，我只不过是知道自己想要什么，从而让自己的能量爆发出来了。

大学四年，我天天在商学院学习，听各种经济学讲座，自己的课基本没上过。我坚持读了四年的《经济观察报》，基本有影响力的经济管理类图书我都看了。那个时候，我特别喜欢研究商业人物、商业传记，为之深深着迷。

大学毕业后，我一开始也不想从事出版行业。但是我的第一位领导教育我："三百六十行，行行出状元。虽然起点不一样，但终点都一样。喜欢不喜欢，其实并不重要。你要克服这种不喜欢的心态，什么工作都要做。工作是一通百通的，做好了现有的工作，也是在为将来做准备。"

从此以后，我便释然了。慢慢地，我也从中发现了文化创意行业的魅力和乐趣。为人们提供前行的力量和知识，也是一件很伟大的事情。

这是我，一个草根逆袭的故事。

所以，如果你想让自己变得越来越强大，就要找到自己的驱动力。找到了驱动力，也就找到了人生的方向。

我们应该如何驱动自己？

在互联网时代，个性和创意变得越来越重要，如何自我驱动也成为了一个重要问题。那么，我们应该如何驱动自己呢？

一、从三种激励要素入手

丹尼尔·平克描述了三种激励人们的基本要素：

1. 工作有自主性。

给人以自主性，让他们能够自由而灵活地选择何时、何地及如何完成工作。很多互联网公司建立了一种宽松的工作环境，以结果为导向，人们可以按照自己的方式工作。

2. 能力与任务难度相匹配。

每个人都喜欢提升自己的能力和技术。难度与能力匹配，不但能够让人成长，还能提高内在动机。如果任务太难，则会因为沮丧而放弃；任务太容易，又会觉得无聊。这两种情形，都让人无法成长。

3. 目标感明确，自觉有意义。

我们渴望成为一种超越自身的东西的一部分，希望工作赋予生命意义。高效能的秘密，不是奖励和惩罚，而是看不见的内在动力——让人们为了自己而做的动力，让人有使命感的动力。

如果我们能从上面三个角度入手，就能培养出更有动力的团队，打造出活力十足的自己。

二、成为 I 型人

丹尼尔·平克将人分为两种类型的人，X 型人和 I 型人。X 型人更关注外在激励因素；I 型人则更多由内在欲望驱动，更关注内在的满足感。这两种类型并非泾渭分明，而是同时存在于每个人身上。试想我们从呱呱坠地后，都是一步步通过好奇心驱动来认识世界的，但伴随着我们长大，社会却渐渐地把我们变成了 X 型人。因为流水线需要更多机器人或者螺丝钉。相对而言，I 型人更容易在工作和生活中取得成功。

如果你不是 I 型人，没关系，我们为你提供了几条实用的方法：

1. 用一句话描述你人生的成就。你的那句话是什么？

2. 每天都问自己：今天的我比昨天优秀吗？

3. 施德明方法。奥地利艺术家施德明认为，人应该学习 25 年、工作 40 年、退休 20 年。所以施德明每工作 7 年就给自己放一年长假，用来享受生活、思考和创新。如果没有那么多时间，你可以将一年改为一个月或者一周甚至三天。

4. 仔细阅读和实践《一万小时天才理论》。

5. 做张卡片，提醒自己：是什么让你每天起床？是什么让你每天晚睡？回答这两个问题，一直到找到满意的答案。这一个环节的要点是找到你的人生目标。

6. 设计自己的励志海报，用来激励自己。

你的先天条件会影响你的驱动力，会影响你是用左脑工作还是用右脑工作，会影响你喜欢外在激励还是喜欢内在激励。当你了解了自己的激励模式的时候，采取适当的方法激励自己，你会越来越喜欢自己所做的事情。

大咖问答

人要管理的是性格，不是方法

大咖：磨铁图书创始人　沈浩波

刘 Sir：作为磨铁图书的 CEO，您一定很忙。那么您平时是如何管理时间的？

沈浩波：如果你把自己的战略定位和战术意图都预先确定好了，那么你的时间分配自然就会有一个结果。而当我们陷于忙乱或者陷入盲目的时候，其实是因为我们没有预先明确战略意图或战术打法。也就是说，在前期你要有精确的自我定位、战略和战术，这些越精确，你就越能把控自己的时间。

刘 Sir：基于以上的这些观点，您能给年轻人提供一些关于时间管理的建议吗？

沈浩波：每个人都应该清楚地知道自己的时间是有限的，能力是有限的，精力也是有限的。我们要做好任何一件事情，不管是大事还是小事，你都需要全神贯注，需要聚焦，需要专注。而当你全神贯注的时候，你能做的事情就一定是最少的。所以，一定要把最多的时间花在最少的事情上。

刘 Sir：您作为文化领域的资深企业家，在学习、成长和读书方面，对年轻人有哪些建议呢？

沈浩波：我更主张泛读。我觉得看书这个事情，不要太功利化。不要老想着通过看一本书就可以解决所有问题。看书最重要的意义是对心灵的滋润。如果通过看书，你的心灵得到了滋润，你有了足够的反思能力，这样的阅读对你的人生来说才是最有效的。

刘 Sir：您觉得对您影响最大的是哪几本书呢？

沈浩波：还真没有对我影响特别大的书。因为我读的书很多。其实，人在生命不同的阶段时读到不同的书，会有不同的收获。比如说，我们在十几岁的时候读《红楼梦》可能和现在读是两种不同的体会。有些书读早了不一定好，比如《诗经》《楚辞》。我最近在重读《诗经》，我的收获显然比以前更多，我现在能理解它的鲜活和朴素，明白最本质最朴素的东西，才是最生动的，最有生命力的。所以，没有一劳永逸的阅读。但是，不能读死书，还是要有自主判断和思考的能力。有些书现在我们读不进去没有关系，可以先放一放。也许过几年，就能读进去了，这是个顺其自然的事情。

给所有女性：此时此刻的你最美丽

大咖：张德芬空间联合创始人 刘丹

刘 Sir：在浮躁的当下，很多人的心态很难静下来，您现在又是在做一个女性成长社群，大家希望通过您学习疏导情绪，那么您是如何平衡情绪的呢？

刘丹：十年前，我甚至算是个脾气很糟糕的人。现在的我，只能说脾气变得"开始"好起来。对我来说，最重要的是接受"我脾气不算太好"这件事情，当我发现自己在生气，就学着慢慢去改进。

刘 Sir：在现实的生活当中，您一定也会遇到一些不如意的事情，对此，您是如何调节自己的情绪的？

刘丹：第一件要做的事情就是"暂停"。当我有火气的时候，要先为自己按下"暂停键"。之后呢，我会深呼气，把情绪收回，然后再去继续和人沟通。第二件要学会的事情是"和自己相处"。找一个小小的空间，坐在那里，深呼吸，然后安慰自己，和自己来一场小小的对话，"亲爱的，你今天为什么这么焦虑？是因为他的眼神吗？是因为他不尊重你吗？还是因为什么呢？"在对话之后，找到自己发火的内在源头，好好地安慰自己，你的情绪会真正地从你身体中出去。

刘 Sir：我们每个人都会为处理人际关系而烦恼，在化解人际冲突方面，您有一些什么样的建议呢？

刘丹：外面的世界只是一面镜子，映射出来的是你自己。在人际关系处理中，我的建议是不要太在意别人在想什么和做什么。我们更应该关心的是自己在冲突中想什么和做什么，为什么面对同样的事情，别人没有生气，我却生气了？

刘 Sir：您推荐三本给您自己带来改变的书吧！

刘丹：第一本书是《遇见未知的自己》。有一句话说：世界上最广阔的是海洋，比海洋更广阔的是天空。而其实，世界上最广阔的是你的心灵。

第二本书是《生活是最好的修行》。书里有一个关于果汁的例子。当一杯果汁刚榨出来的时候，你看不清哪些是果汁，哪些是果。但是当果汁慢慢沉淀下来的时候，你就能看清果汁和沉淀物了。

第三本书是《一辈子做女孩儿》。这个时代是一个只要是女人都叫"美女"的时代。其实女人喜欢听到的是叫她"女孩儿"。女孩儿和女人在我的心目中最大的区别就是，只有女孩儿觉得人生是随时可以重启的。《一辈子做女孩儿》里面最重要的一点是告诉我们，勇于选择和放弃的女人可以一辈子做女孩儿。

你只活一次，请倾听自己内心的声音

大咖：喜马拉雅 FM 联合创始人　余建军

刘 Sir：余总，在我心中，您是我学习的榜样，我知道喜马拉雅有一句话，就是"all in"。您"all in"的热情源于哪里？

余建军："all in"是我们去年年会的口号。我们觉得，老天给了我们一个非常好的运气，让我们生在这样的时代里，并且赋予我们这么多变革的机会。尤其是移动互联网发展起来以后，我们能有幸做这样的一个声音平台，和这么多人一起传播知识的价值。所以我们觉得没有一个词比"all in"更能贴切地体现我们的心情和希望。

我特别喜欢乔布斯的一句话：你只活一次。你不要听从于任何来自外界的声音，而是要听清自己内心的声音。

刘 Sir：您是如何鼓励在喜马拉雅 FM 工作的年轻人的？一个年轻人如何去理解努力？如何去实现个人指数级增长？

余建军：我会给所有喜马拉雅 FM 的新员工做一次入职培训。培训核心的一点是：大家的共同理想是干一件特别牛的事情，希望能

够改变世界，所以不要太计较工资多少。我们希望吸引有情怀、有
担当、对自己有期待的人。只要让他们意识到他们的工作是在做一
件很牛的事情，他们内在的热情就可以充分发挥出来。第二个方面，
我会告诉他们，公司在快速成长，接触的人和事是多维度的，他们
可以获得各方面的锻炼。只要他们可以不断地成长，就会参与到"all
in"的项目中。虽然在创业公司，短期待遇可能没有外企那么高，但
是它会给你提供快速成长的机会。

**刘 Sir ：在您的生活中，遇到过哪些挫折？同时，能推荐几本对
您影响比较大的书吗？**

余建军：比较让我感到受挫的一件事情就是在做喜马拉雅 FM 之
前，当时是上一个项目失败了，烧了投资人的两千万，团队从八十
多个人减少到七八人。那是我创业的第四个项目。我问自己到底哪
里出了问题。我觉得我们不笨，并且很努力。但为什么会失败呢？
尤其是当很多战友也离开的时候，这种自我反思越来越多。但我这
个人，不管在什么情况下都会保持自信。我相信，只要我在，一定
会找出一条出路。

我喜欢《乔布斯传》这本书。乔布斯的成长历程、挫折经历对
我有很大的影响。

还有一本对我改变很大的书是《创新者的窘境》。这本书告诉我：
创新分为持续性创新和破坏性创新。如果你要真正活下去，不能依
赖于持续性创新，而是要做破坏性创新。书中说了很多这两种不同
的创新类型的区别。它有助于你判断你的选择：你到底在做很容易

被别人颠覆的事情，还是你有可能颠覆别人所做的事情？

还有一本书是《定位理论》。"定位"是营销学里非常经典的词。当我们在做一个项目的时候，不管是互联网产品还是内容产品，都会落脚到定位上。

刘 Sir：从努力的角度，您能给我们年轻人送上几句激励的话吗？

余建军：首先，努力不能是别人强加给你的事情，不管是你的父母、你的朋友还是你的伴侣。最重要的是，你是否能够在做一件事的时候感受到这件事的意义，以及你怎么用非常享受的状态投入其中。解决问题的过程就是一个自我修炼、自我提升的过程。比如说，学生在打游戏的时候，从来不觉得那是件很痛苦的事情。其实人生就是一个为了追求自己喜欢的事情打怪升级的过程。

总结起来，关键词"享受"。永远记住：你只活一次。你只活一次，所以要学会享受，享受你自己觉得最有意义的一件事。

生活从 1 到更多：电影给我们更丰富的可能性

> 大咖：《中国新闻周刊》主笔、著名影评人 杨时旸

刘 Sir：杨老师，您看过很多电影，写过很多特别有观点的影评，对于您来说，您在电影中收获最多的是什么？

杨时旸：电影对我来说，最大的意义是收获快乐。至于电影在我生活中能够有什么样的帮助或者促进，这其实不是我看电影的主要初衷。但是由于看了很多电影，我对生活有了更丰富的认知，因为电影可以让你经历很多种人生，这让我在面对真实生活的时候，变得更加平静。

刘 Sir：中国的影视剧在某种程度上影响了一代人的思考与思维方式，您是否认同这样一个观点？

杨时旸：电影未必真的能去塑造或者改变一个人的价值观。我觉得，每个人对于电影的需求，以及电影对一个人的影响程度都不一样。对于我个人和我们这一代人，甚至更年轻的一代人来说，我觉得更重要的一点是互联网的伴生。互联网的伴生，可以让我们同

步观看到国外的电影，会拓展我们的眼界和对生活方式的理解。在这样的情况之下，我们知道了在我们的现实生活之外，到底还有哪些更丰富的可能性。这一点是特别有意思和重要的。

刘 Sir：请给现在的年轻人推荐一些在思维和成长方面有帮助的影片。

杨时旸：有一点我想说，就是尽量别只看那些让你自己觉得特别舒服，或者完全理解，不用动脑，不用走心的作品。因为它们都是一种投喂式的制作，这些投喂式的制作是经过精准计算的，知道你想要什么，然后投喂给你。这样的东西有时候就像垃圾食品一样，吃完后你会特别开心，但实际上没有任何营养。我们最好还是看经典的作品。可能你会觉得没有那么搞笑和浮夸，但是它会更长久地影响和塑造你。

刘 Sir：您觉得电影真的可以改变一个人的认知吗？可以改变一个人的思维方式吗？

杨时旸：有的人可能因为一本书、一句话、一个电影镜头、一首歌或者一个音符产生特别大的触动。但是，这些东西对其他人就不会产生影响，就像我们上学一起学习同样的知识，最终却变成了各自不同的样子。一部电影是否对一个人产生影响，以及影响有多大，这和一个人的经历、价值观、成长过程以及他看到那个作品的时候的状态都有关系。

借用古人智慧，升级认知，找到自我思考的角度

大咖：前罗辑思维策划人 李源

刘 Sir：所谓"以史为镜，知兴替；以人为鉴，明得失"，您怎么看呢？

李源：其实，人类古往今来面对的基本问题是不变的，读历史的主要目的其实是从古人那里获取智慧，他们经历过的很多事情，我们现在还在经历，只不过时代背景不一样罢了。

刘 Sir：您从研究历史到做罗辑思维的知识策划，后来又做《别以为你不需要懂世界史》节目，那么，学习历史对您有什么样的影响？从思维层面来说，历史的意义又是什么？

李源：首先，研究历史能训练思维技能。我们从各种各样繁复的记录里面，搜寻到一个比较接近真相的答案，这本身就是一种能力；其次，历史中人物的经历对今天的我们是有很重要的影响的；最后，历史其实给我们讲述了社会发展的趋势，这些趋势有助于我们掌控和预测自己的未来。读历史对我们最大的意义是，它能够给我们提

供一次认知上的升级，能够让我们思考自身和时代的关系。

刘 Sir ：读历史给您的生活或者工作带来了哪些有形或无形的影响？

李源: 对我影响最大的，是卢梭的传记。后来我去了《罗辑思维》，现在在做一系列关于卢梭的节目。卢梭的定位是，对每一个他能服务的人群提供一些比较有价值的、具体的心法和一些他自己对人生的思考。他找到了一个属于自己的世界。我在现阶段做这样的节目其实也是受到了这方面的启发。

刘 Sir ：为了获得更大的启发，我们该怎么读历史？

李源： 读传记是一个很好的选择，而读传记最重要的就是从历史人物的人生最关键的几个节点下手。大部分人的人生简历看起来就像"百度知道"，对我们并不一定有多大的启发，但是如果大家把大部分精力放在人物的一生中最关键的那次转折上，往往能够获得很大的启发。传记之外，如果要读一些比较宏大的历史，我建议大家去找一些相对来说有理论性的书，而不是平铺直叙的通识性的书。

刘 Sir ：大家都说您是学霸，从这个角度来分享一下您的学习秘籍吧!

李源： 我们读书应该分领域地读，一片一片领域地读而不是一本一本地读。当我们想要迅速进入某个领域，这其实并不是特别难的一件事。比如说，之前有一个美国的教授跟我说过，任何一个特别难的领域，哪怕是经济学里一些比较艰深的领域，你只要通读了二十本书，就可以进入。但是，这二十本书是一个网状结构，也就是说这个领域会有一个开山祖师爷。你重点应该把 60% 以上的时间花在读开山祖师爷的书上，然后剩下的 40% 的时间，你应该用来大概了解他的徒子徒孙之间争论的是什么，以及这个领域的主要竞争对手是什么。把这方面弄清楚了，读书就会非常快，并且基本上你可以有发言权了。

刘 Sir：如果给大家推荐三本书，您会选择哪三本？为什么？

李源：我推荐三本比较小众的书。第一本书是陈悦先生写的《沉默的甲午》，这本书从甲午战争一些比较重要的细节反观历史的另外一个层面，这对于我们训练思维是非常有帮助的。第二本书是《上帝与黄金》。这本书讲了一个比较重要的道理，就是英国为什么能够在世界上屹立不倒，甚至美国在继承了英国的传统后为什么也能够长期屹立不倒。它为我们的人生思考提供了一些比较重要的角度，而这些角度是我们之前从来没想过的。第三本书是《叫魂》，谈了在中国历史上皇权和官僚之间的关系，这本书能用比较宏大的理论解释一些不是很宏大的事件，但是能让我们对大清帝国有一个完整的了解。

直觉 + 逻辑推理 + 执行力 = 一个强大的商业团队

大咖：财经大咖 李德林

刘 Sir：您是如何在创业中发挥逻辑能力和直觉的？

李德林：在创业之初，我更多的是凭直觉。比如说，我们要做一个上千人的跨年峰会。到底是做还是不做？当时大家都在争论。我说："争论什么？我们要做！"为什么？因为开千人跨年峰会能请来很多大咖，那将带来品牌效应。所以，到了 2017 年，有很多大的企业找上门来，如果我没有做那个跨年峰会，就会失去这些合作的契机。

其实，直觉的背后是有商业逻辑的。但是，在创业之初，我会让直觉先走，然后商业逻辑跟上。如果我面对事情要反复地纠结逻辑的话，就会错失很多机会，从而导致公司运作成本的提高。

刘 Sir：您在工作中，如何把握直觉？靠什么相信您的直觉？

李德林：对于任何一件事情，我有了直觉后会不断地琢磨思考：以我现在的团队、资金和合作伙伴，我能不能把我的直觉变成现实。我对我的团队就有一个要求：我雇你们是要把我的直觉判断和我推演出来的商业逻辑变成现实，而不是让你来证明我是个笨蛋。

一个好的团队，会通过逻辑验证老板的直觉是存在偏差的，然后帮老板修正偏差，让一件不可能的事情变成一个现实。而一个很烂的团队，只会证明老板的直觉是错误的，觉得老板就是一个傻帽儿。所以，直觉、逻辑推理和团队的执行力缺一不可。

刘 Sir：您看过很多的畅销书，自己也是作家，那么对您影响最大的书有哪些？您会给年轻人推荐哪些书？

李德林：我推荐的第一本书就叫《华尔街之子摩根》。这本书讲的是主人公 J.P. 摩根到底是怎样发家致富的，又是怎么站在国家的层面上去考量整个国家的未来的。如果一个人做事情只有奋斗目标而没有情怀的话，那是没有任何意义的。

第二本书是《叫魂》。讲的是乾隆年间江浙有几个石匠因为剪辫子的事情导致整个帝国天翻地覆的故事。通过作者的抽丝剥茧，你将学会逻辑推理，学会怎么样去讲故事。如果你是一个创业者的话，这本书有助于你的公司管理；如果你是一个大型集团的中层或者高层，想要进一步地提升自己的话，我也建议你看一下这本书。

最后推荐的一本书是《最初的国会》。我们现在进入了一个最好的时代，也可以说是一个最坏的时代。家国情怀在纷杂的社会中变得少了。这本书讲的是 1910 年，在国家最危难的时刻，精英阶层是怎样穷尽自己的智慧去拯救自己的国家的。

高情商修炼：付出更少，拥有更多

大咖：畅销书《所谓情商高，就是会说话》作者 兆民

刘 Sir： 兆民老师，您认为情商与思维之间存在什么关系？

兆民： 我在回答之前，先来明确一下什么是"情商"。情商其实包含了自我意识、自律和同理心。我们知道，人有两种心理行为，一种是情绪心理行为，是用来感受的，另一种是理性心理行为，是用来思考的。

你指的"思维"，属于理性心理行为。情绪心理和理性心理之间的关系其实是非常有趣而复杂的，有的时候它们可以和平相处，有的时候却相互打架、背道而驰。比如说，你和男朋友分手了，很伤心。你哭得稀里哗啦，这个时候你的理性心理告诉你：你要忘记这个出轨的王八蛋。但实际上你还是在想念他。这样你的情绪心理和理性心理就开始打架了。我们的感情越强烈，情绪心理的控制力就越强，理性心理或者说思维的作用也就越弱。

那情商是用来干什么的？情商其实代表了管理情绪心理的能力。它有三种武器：自我意识、自律和同理心。这三种武器如果足够强

大的话，就可以很好地管理我们的情绪心理。比如说，当我们想发脾气的时候，情商可以在我们发脾气之前先觉察到脾气要来了，进而自我说服，然后把脾气化解掉。

所以，思维掌管理性，而情商掌管情绪。情商和思维是一对"好基友"，它们共同作用，让我们内心变得更加强大。

刘 Sir：有句话是这样说的：如果你想成为一名成功的领导，最重要的不是你的智商，而是你的情商。您有什么让自己印象深刻的事情，来说明情商在职场上的重要性吗？

兆民：情商实际上是一个人的生存技能。或者说，它关系到一个人的生存。

有一个真实的案例：去年有一位女学员，丧着脸过来找我，原来她被公司开除了。她在一家互联网公司做产品经理，她反复和我说她的业务能力很强，自认为是一个不错的产品经理。我很奇怪，既然很优秀，怎么会被开除？跟她深入聊下去才知道，她有社交恐惧症。在公司，她几乎不和同事说话，总是喜欢闷头干活，也很少和公司领导说话。按照她的说法就是，没必要和同事走得太近，也没必要和领导套近乎。后来，公司出了一档子事儿，有个同事算是恶人先告状，把她出卖了，而她百口莫辩，只好背黑锅。这个故事其实是一个比较极端的案例。但是后来，我渐渐发现，现在有不少人都不适应职场规则，不懂如何与人相处，更不懂如何与人沟通。这样的人，就算业务能力再强，也很难融入企业的主流文化当中。可以说非常可惜，但是也很正常，因为机会并不属于情商低的人。

刘 Sir：情商除了在职场上有用处以外，在生活中又能起到什么样的作用呢？

兆民：在生活中运用情商的地方就更多了。我们在和父母、孩子、伴侣、朋友，甚至是和陌生人的相处中，没有一个环节可以缺少情商。

我再举一个极端的案例：有一年，北京大兴区出了一起命案。因为停车位的问题，一名男子和一位推着婴儿车的女士发生了争执。一怒之下，这名男子竟然把婴儿车里的小孩子举过头顶，然后狠狠地摔死在路上。后来他被判处了死刑。这个案例当中，无论是这名男子还是婴儿的母亲，都缺乏情商。他们不懂得管理情绪，不懂得化解冲突。他们把一件微不足道的小事，演变成了无法挽回的悲剧。

刘 Sir：对于情商低的人，您有什么建议吗？换句话说，我们如何提高自己的情商？

兆民：情商是需要训练的。最重要的一个训练方法就是多看书。读书的作用在于提升我们的认知。

斯多葛派的哲人爱比克泰德有一句名言：人不是被事物本身困扰，而是被他们关于事物的意见困扰。在这句话的启发下，认知行为疗法发展出了一套模型，叫 ABC 情感模型。我们身边发生了一件事 A，我们对这件事的理解是 B，然后本着这种理解，我们感受到了一种情绪反应是 C。我们可以通过改变对 A 和 B，进而改变我们的情绪 C。也就是说，当我们的认知发生改变，情绪自然会跟着改变。

刘 Sir：您能结合自己的经历，给刚步入社会和还未步入社会的年轻人一些与情商有关的建议吗？

兆民：我记得有一位前辈曾经跟我说过这样的一句话：在职场上打拼，你要么能力出众，要么人品出众。这两者都平庸的人，注定会被社会淘汰。我觉得他说得非常有道理，所以我把这句话也送给初入社会的年轻人。你的能力如何，不由你自己判断，而是取决于社会的评价。当我们的能力还不够的时候，就要让自己做一个友善的人，一个懂得换位思考的人，一个勤奋的人，一个知书达理的人，因为这是我们唯一能做的改变，也是唯一有效的生存法则。能力和做人不可偏废，对绝大多数人来说，只顾一头都很难成功。

刘 Sir：您能推荐三本对您影响最深远或者您认为最值得推荐给大家的书吗？

兆民：第一本是《情商》，作者叫丹尼尔·戈尔曼，被称为"情商之父"；第二本是哲学入门书《生活的哲学》，作者是朱尔斯·埃文斯。这本书我看了不下五遍，现在还经常放在身边；第三本是《恰如其分的自尊》，作者是两位法国心理学家——克里斯托弗·安德烈和弗朗索瓦·勒洛尔，对调整我们的自尊心非常有帮助。

别奢望哲学会告诉你该做什么，它只能帮你厘清思维

大咖：复旦大学哲学名师　郁喆隽

刘 Sir：郁老师，您是怎么看待哲学与思维的关系的？哲学对我们有什么作用？

郁喆隽：学习哲学像是在练武术或者是练体操。每天进行一些哲学思辨，可以帮助我们清空大脑内存。我们有时容易陷入一种自欺欺人的思维中，但是哲学可以帮助我们破除这些错误的观念。你会不会经常碰到悖论？比如，我说："我现在说的每一句话都是谎话。"这个话显然是悖论。如何破除悖论，是哲学的一个基本功能，换言之，就是厘清思维。

刘 Sir：很多时候，大家都在说商业哲学。您认为商业和哲学之间有什么样的关系？您又是如何看待哲学对于商业的作用的？

郁喆隽：很难找出两者之间的直接关系。商业最基本的目标是盈利。但是我们用哲学的思维方式加以检验的话，就会发现很多问题。比如，赚钱的下一个目标是什么？有的人觉得是为了花销，为

了买奢侈品；有的人觉得钱只不过是自我实现的一个标志；有的人认为有了财力之后就可以做更高尚的事情，比如做慈善。即便是在商业与哲学之间，也可以用哲学的方式为商业找到更清晰和真实的目标。

刘 Sir：哲学对您的生活有何影响？

郁喆隽：学了哲学之后，我变得不那么愤青了，会从更多元的角度看待这个世界上的好人与坏人、善事与恶事。但有的时候，恰恰因为不再沉默，不再甘于在这个黑暗的世界中彻底把眼睛闭上，又慢慢愤青起来。简而言之，就是用哲学理论把自己变得激昂，而不是昏睡过去。

刘 Sir：对于年轻人的成长来说，认识哲学的意义能够使哲学更好地作用于我们的生活。针对这点，您可以提供哪些方面的建议呢？

郁喆隽：年轻人不需要太在意眼前很紧迫的问题。人生有很多可以做、应该做的事情。从哲学的角度分析的话，可以做的事情远远超过你应该做的事情。但是，我们还是要想清楚自己应该做什么，那是只属于你自己的一份使命。

刘 Sir：有一句话是"山是山，水是水；山不是山，水不是水；山还是山，水还是水"。我个人的理解是：简单到复杂再到简单。那么从哲学的角度，您怎么看呢？

郁喆隽：这句话的含义和"辩证逻辑"比较接近。辩证逻辑就是，任何思维的精进必须在一个过程中展开，在这个过程当中肯定有后一个阶段对前一个阶段的推翻。用黑格尔的话来说就是：阳气。比如，一颗种子从发芽到结果是不断变化的，到结果的时候，种子肯定已经没有了。人生不是按照简单而机械的"形式逻辑"发展的，而是更接近于辩证逻辑。

刘 Sir：郁老师，能否给大家推荐三本对您影响比较大，同时对年轻人可以有所启发的书？

郁喆隽：我推荐的肯定是与哲学相关的书。第一本是《哲学与幼童》，作者是心理学家马修斯。这本书提到了一个问题：为什么小孩子可以提一些听起来很幼稚，但其实很深刻的哲学问题，我们成年人却提不出来？

第二本是所罗门的《大问题》。很多人纠结于眼前的一些小问题，执着于自己的小确幸。但是这些小确幸必须有更基础的东西来保障，这也是哲学要追问大问题的原因。

第三本是《维德根斯坦传》，一位奥地利哲学家的传记。作为20世纪的哲学家，他是如何因为读哲学，从富二代变成了一个彻底的"失败者"的？这件事很有意思。

如何通过阅读经典来滋养心灵

大咖：新经典外国文学总编辑 黎遥

刘 Sir：我们为什么要读经典？

黎遥：在我的理解里，经典是指具有强大穿透力的作品。它能穿透时间，历经一百年，甚至一千年抵达我们；它能穿越空间，从一个民族到另一个民族，从一片土地到另一片土地。

阅读经典的价值，不是让你马上能挣很多钱，也不会让你的外表变得更加美丽。但是，它会为你的心灵和智慧带来宽度。

刘 Sir： 您花了几年的时间策划了《德川家康》系列图书，这套书在国内出版后影响巨大， 您觉得这套书对读者有什么启发？

黎遥：德川家康有句名言——人生如负重远行，不可急至。意思是说在任何困难面前都要活下去，不仅仅要活下去，还要活得开阔。你要时时刻刻积聚心理力量，当生活需要你出击的时候，能够瞬间出拳。

刘 Sir： 那您觉得年轻人应该怎样通过读经典和历史获得帮助？

黎遥： 年轻人读经典，切忌"从众"。一开始的时候，选难度稍微小一点的。当你读得越多，理解能力越强，这时候再去挑选篇幅长、深邃、难度更大的作品。

靠自己真正的手艺向前一步，让内心获得独立

大咖：磨铁图书总编辑 魏玲

刘 Sir： 您觉得女人应不应该向前一步？您又是怎么做到向前一步的？

魏玲： 应该。在我的理解当中，向前一步并不意味着你要做一个进攻型的人，而是要做到独立。一位女性要在大城市中生活下去，独立是非常重要的。我之前所在的出版社是天津的一家事业单位，工作压力小。并且我的父母也都在天津，我可以在家里生活。所以无论是从工作压力还是生活压力的角度来说，我是放弃了比较悠闲的人生，选择到北京这样一个竞争更加激烈、更具挑战性的地方。我觉得，作为一位女性，我们应该依靠自己的本领来生活。

刘 Sir： 您是如何克服自己想要退缩的心理障碍的呢？

魏玲： 当压力大的时候，人就会有退缩，事情越着急，越不想面对。但是，当逼近 deadline（最后期限）的时候，你会发现原本仅仅是一件小事，因为你的漠视和拖延，会不断发酵，最终演变成大问题，

而这个时候，你要投入的时间、精力和心血会更多。所以，定一个 deadline 是非常重要的。另外，反思也很重要。当一件事情发生了之后，无论是开心的还是不开心的，在我们沉静下来之后，可以做一个复盘。通过不断复盘，我们能不断地纠正自己的行为，延续好的经验，吸取不好的教训。

刘 Sir： 对于身边的那些不敢上前一步的年轻人，您会如何激励他们？

魏玲： 其实工作这么多年，我陆陆续续接触过很多同事，很多同事也是离开家到北京来奋斗和打拼的。有些人无论是生活还是工作都没有达到预期，最后选择了离开。对于这个同事来讲，最重要是他选择什么样的生活方式。如果他希望有更加舒适的生活方式，我也会尊重他离开北京回到家乡的想法。如果他还是依然愿意不断地去努力和奋斗，那么在这个时候，我会不断地鼓励他。在我的工作中，我发现一个非常有趣的事情，就是有很多人不敢成功。什么叫不敢成功？就是他不相信自己可以成功，不相信自己可以过得更好。所以在很多机遇出现的时候，他会退缩，会害怕。当一个机遇摆在你面前的时候，如果你怕自己把握不好，害怕失败，就会选择放弃机遇。现在想一想，真的非常可惜。

刘 Sir： 对于年轻人如何更好地向前一步、更好地展示自己的才能，您有什么样的建议？

魏玲： 第一，一个人一定要不断地反思自己。其实有很多人会给自己贴标签，比如，如果是处女座，可能会认为自己更纠结于细节。但是，从心理学的角度来讲，当一个人给自己贴了标签之后，他所有的思想和行为就会更加倾向于这个标签。比如，有一个人认为自己在某些方面的能力不够。而当他有了这个意识之后，会发现他在这一个领域的能力会慢慢地萎缩，最后导致恶性循环。相反地，你如果给自己贴的是一个正向的标签，相信自己可以做到，那么你就会不断地调整自己的心态。第二，要有学习的能力。我们离开学校之后，在几十年的生活中，都要不断地学习、成长和历练，让自己变得更加优秀。

刘 Sir：您可以给大家推荐三本书吗？

魏玲：我推荐的第一本书是一本小说，叫《巴别塔之犬》。这本书告诉我们，即使再亲密的人，彼此之间也依然横亘了无法相互理解的障碍。这样讲起来会让人觉得有些悲观，但是只有我们意识到了这点，我们在面对亲密关系的时候，才能知道它的尺度和底线，能够更好地处理亲密关系。

第二本书是薛兆丰老师的《经济学通识》，它告诉我们，在生活中，我们看似习以为常的事情，或者是我们看似理所当然的事情，在它的背后都有一个经济学的规律。困扰我们生活的很多问题，《经济学通识》都会告诉我们它们背后的道理。

第三本书是一本心理学的书，叫《路西法效应》。这本书讲的是津巴多以前做过的一个实验。这个实验会告诉你如何通过一些方法使一个好人变成恶魔，让我对于人性和人的心理有了更多的了解。

提升投资能力 = 知识 + 人脉 + 判断力 + 心智模式的升级

大咖：资深财经媒体人　郑前

刘 Sir：郑老师，您的节目《超级实用投资心理学》把投资和心理结合在了一起，您是怎么看心理与投资的关系的？

郑前：谢谢杰辉给我机会来聊聊我做这档节目的初衷。《坛经》里面有一个非常著名的典故：六祖惠能遇到两个和尚在辩论"看到了风吹动经幡"。一个和尚说："风动。"另一个说："幡动。"后来，惠能开口了："不对。不是幡动，不是风动，而是你们的心在动。" 大家都觉得这个回答非常妙，但是很少有人能沉下心来，细细去想背后的意义。禅宗特别想表达的含义，不是嘴上说的行动，是真的心外无物。他觉得"风动""幡动"都是相对的，只有"心动"是绝对的。这是他特别想表达的意思。

在资本市场，股票市场的波动反映的是不是公司价值的变动？肯定不绝对是。因为公司价值变动的时候股票市场不一定波动，股票市场波动的时候公司价值也不一定变化，所以这套心法特别适合用到资本市场上。反过来说，是不是就是单纯地用资金来推动股票市场的变化？这个说法，对，也不对。资金确实会驱使它发生波动，但是谁在驱动资金？不还是人吗？究竟是谁在动？还是我们人的心，我们人的想法。

投资这个行为，它本身就是各种类型的欲望驱动产生的。你要做一个专业的或者聪明的投资人，就需要格外地去控制你内心的波动。如果我们把人的意识和想法比喻成一条大河，你的意识既要做到奔流不息，又不能冲出河道，不能走错方向。这种平衡是非常高妙的一种艺术。这是我们每一个人一辈子必须修炼的功课。

刘 Sir：您从年轻人了解投资与心理学的意义角度来看，能提供一些自己的看法吗？

郑前： 如果要从了解投资心理学的角度来建议的话，我脑子里蹦出来的第一句话就是：watch your mind，意思是盯紧你的内心，看好你的念头，或者说留意你的思想观念。为什么要"watch your mind"？因为我们的思想里有成就我们自己的巨大力量，也隐藏着可能会对我们造成伤害的各种坑洞和陷阱。很多人在日常生活和工作中，只能看到自己，看不到别人。他们用竞争的眼光去看外部世界，把证明自己、展示自己，甚至不择手段地让自己成为第一、成为领先者作为唯一的目标。这种观点是不是很差劲？

再比如说，很多人只看见物，看不见人。他们选择专业和工作的时候，只看赚多少钱，不去考虑自己的兴趣专长。他们恋爱和成家的时候，首先考虑对方有没有房子，能帮自己少奋斗多少年。还有一些人缺乏现实目标，也缺乏实现现实目标的动力，每天注意力涣散，精神游离，沉迷游戏和影视剧。

所以，我特别想告诉一些比我年轻，也有更多可能性的弟弟妹妹：watch your mind。对社会上普遍存在的那些误区一定要保持警惕，保持距离，这对我们一生的幸福、对投资的成功都非常重要。

刘 Sir：能否给年轻人推荐三本书？

郑前：第一本是《此生未完成》。作者是一个不幸早逝的大学老师，也是我的朋友。这本书会让你重新思考：活着到底为什么？我们这些每天早晨健健康康，能看到太阳升起的人，应该怎么活得更有意义、更有味道？这本书可以帮助我们更好地理解健康和家庭的重要性，提醒我们这些处在爬坡期的人，你需要更多地关注自己和家庭。

第二本书是一本文学巨著，叫《约翰·克里斯朵夫》，作者是罗曼·罗兰。这本书以贝多芬为原型，讲述了一位音乐家成长的故事。这本书是讲人在精神上的自我救赎，充满了能量。如果你真的读进去了，你的生命状态肯定会发生变化。

第三本书是《做个喜悦的人》。这是一本讲修心的书，他结合自己的修行，谈了"四念处"的理论。四念处帮助我们提升洞察力，让我们看得更清晰和真切，同时让我们变得更加潇洒和朴实。

纠结不是坏事，坏事是你一直纠结

大咖：资深人力资源专家　张晓彤

刘 Sir：有一句话叫"思路决定出路"，为什么大家同样努力，有些人跑得快，有些人跑得慢？您觉得人生与职业规划的意义体现在哪几个方面？

张晓彤：我特别同意"思路决定出路"这句话。因为我看过太多同样努力的人，其中有些人跑得快，有些人跑得慢的情况。比如，同期进某家外企的几个秘书，他们有着同样的目标：尽量早点升职加薪，不再当秘书。有些人看到其他部门有一个助理职位比秘书的薪水要高一点，就赶紧去申请。这样反复地在高一点点的职位上跳来跳去，到头来哪一方面的经验都没有累积到，人到中年发展仍然不尽如人意。

人生和职业生涯规划都是特别有意义的，但是我觉得人生规划的意义要大于职业生涯规划的意义。我们往往是在大学毕业的一年半年时间内才开始有职业生涯规划意识，但我们的人生其实是需要在大学里就考虑好的。

刘 Sir： 很多人说，规划不就是目标吗？从您的角度来说，目标和规划具体有什么不一样？

张晓彤：能落地的目标叫规划，不能落地的目标就是 nothing，什么都不是。我相信你周边和我周边都有很多这样的例子：在新年的时候信誓旦旦地立下新一年的目标，比如要减肥多少斤啦，考取什么证书啦。目标定好了，那你这周干什么，下周干什么，下个月、下季度干什么？把这些都写下来，这个才是能落地的行动计划。

刘 Sir： 我们应该如何去发掘自己的优势？

张晓彤：应该做霍兰德职业性向测试，越早做越好，最好高中或大学的时候就开始做，这个测试不需要任何工作经验。在工作后，就要做职业锚测试。

如果你没有机会做这样的测试，其实可以回想一下小时候你曾经因为什么事件而特别自豪。比如你曾经亲手做了一个船模，获得了什么奖项，那件事让你特别骄傲，那至少可以证明你有动手能力。我很早就发现自己有协调别人去做事的能力，小时候玩打仗游戏，我一开始可能就是游戏中普通的一员，打着打着小朋友们就玩恼了，开始吵架。这个时候我就会站出来说，咱们别打了，能不能听我说说？这事儿应该怎么怎么着。后来我发现，我小时候在游戏中主动承担的角色叫"协调者"，所以我从小就有与人打交道的优势。

刘 Sir： 从人生规划的角度来讲，很多朋友不知道学什么，怎么积累，您有什么建议呢？

　　张晓彤：说实话，有些人无论是在工作还是在减肥上，都会觉得"很无聊""很枯燥""坚持不下去"。我建议你可以将目标分成不同的阶段来做。把一天的工作分解为好几个小时，将一个月的目标分解为四个星期，每完成一个小时或一个星期的目标就用一个小奖励来犒赏自己，比如买点好吃的，买件衣服或者去旅游。靠这种"切面包"式的小项目，我们就能一点点地坚持下去。

　　刘 Sir：关于职业生涯规划，能给大家推荐三本书吗？

　　张晓彤：我想推荐心理学方面的书。第一本是《心理学与生活》，它告诉我们"人是怎么回事"。看完这本书，再看一本叫《组织行为学》的书，这本书会告诉我们"人在公司里是怎么回事"。看完这两本书，就知道怎样更清晰地定位自己的职业生涯方向。第三本是《选对池塘钓大鱼》，这本书告诉你如何利用自己的职业优势找到适合自己的公司。

工匠精神才是个人与企业的生存之道

大咖：90 后产品经理、创业者 白丁

刘 Sir： 白总，作为一位 90 后图书公司产品经理，你成长得很快，你是如何做到高效工作和高效学习的呢？

白丁： 最重要的一点就是时间管理。我们应该对自己做的事有一个规划，无论是年度的、月度的甚至是每一天的，都可以列出一个清单：什么是最重要的事情，要达成的目标是什么。把每天的事规划好，如果今天没有完成的事那就把它划掉，放到下一天去，这时下一天的事可以先调到前面去。这样就形成了循环和坚持，最后就可以不依靠计划清单，也能在无形之中对自己做什么事，需要花费多少时间有把握。在利用好时间的基础上，还应该具备一些本领，比如抓住事物的核心，无论是工作还是学习，背后都是有规律和核心的，掌握这种规律和核心，学习起来就会事半功倍。

刘 Sir： 如何平衡高效和工匠精神？

白丁： 高效和工匠精神之间必然存在着矛盾。当整个团队经过长期磨合达到标准化和规模化，才能把好产品流畅地生产出来。如果团队没有达到这种高度，一开始就要追求高效使新增产品规模化，然后才能产生工匠精神。台湾有个企业家，认为一开始高效的生产是一个有形的利益。还有一种无形的利益，就是把产品做好以后产生的品牌价值。一开始做产品是看不到无形利益的。但是初期的产品可以为我们带来现金流，带来利润，不过，我们最终的目标是要做出具有工匠精神的产品，因为这才是企业持久永续的生存之道。

刘 Sir：最后想邀请白总从读书的层面，给我们推荐三本书。

白丁：我自己平时爱看的主要是心理学和营销方面的书。我有三本可以推荐给大家的书：《科学的广告》《定位》和《乌合之众》。

《科学的广告》讲的是广告背后都是有逻辑规律的：广告的受众是谁？怎样能够吸引受众？什么样的文案有吸引力？《定位》讲的是无论做什么事，还是做什么产品，一开始都要有自己的定位。有定位才能够抓到潜在的受众。《乌合之众》是一本关于社会心理学的经典著作。讲的是在极端情况下，大事件背后的人都是乌合之众，是一个集体无意识的群体。通过这本书，我们可以知道人为什么会产生一些非理性的行为。这对我们做产品的人很有启发。

会说话的人素质就一定高吗

大咖：喜马拉雅《超级聊天术：跟谁都聊得来》主讲人　张大鹏

刘 Sir：您认为聊天与谈判、演讲、辩论和主持等说话方式最大的不同是什么？

张大鹏：它们目的不同，所以性质也不同。谈判的目的是争取最大利益，所以可以剑拔弩张，可以笑里藏刀，核心是策略要用好；演讲是为了号召和得到认同，所以要么激情昂扬，要么娓娓道来，关键看你讲给谁听；辩论是为了批判对方，论证己方，所以必须巧舌如簧、纵横捭阖；主持是为了把大众传播或者组织传播还原成人际交流的本质，就是"假装聊天"，所以必须亲切自然、如沐春风。主持人的说话状态是最接近聊天的，但是大部分时候还是演，我觉得只有真正的聊天不需要要演。聊天就是聊天，大多数时候是没有目的的，纯粹是为了自己开心，而谈判、演讲、辩论甚至是主持通常都是以取悦人为目的。

刘 Sir：您觉得聊好天与思维有什么关系吗？

张大鹏：当然有关系，而且非常复杂。思维分为很多种，我们就简单地列举几个方面。对一个人来说，一个有联系性思维的人，可以带来很多新鲜的话题，可以跑题跑不停，然后让聊天很轻松；一个有逆向性思维的人，可以带来观念的碰撞，改变别人的某些思维定式，让聊天有快感。我不知道大家会不会有这种感觉，和一个有智慧的、善于思辨的人聊天会特别有收获；一个有形象性思维的人，可能脑洞会大开，说话幽默，善于声情并茂，让聊天很欢脱。

刘 Sir：您认为会聊天、会说话的人该具备什么样的素质？

张大鹏：就是真诚。比如我们常常会说，作为一个会说话的人，需要认真地倾听、由衷地赞美他人，并且有适当的幽默，这几点都是一种"真诚地去交流"的意识。

刘 Sir：对于即将毕业，步入社会的年轻人来说，在说话、表达方面，你有什么建议或者经验要分享给他们吗？

张大鹏：对新人，我就六个字：少说话，多做事。

刘 Sir：您能谈谈"会聊天"在生活中或者职场上的重要性吗？

张大鹏：对一个职场新人来说，会聊天可以让你迅速打开社交网络，同时知道自己的生存处境；对老人来说，会聊天可以让你无边人脉萧萧下、不尽信息滚滚来；对于下属来说，会聊天可以让你被领导更多地了解和关注；对于领导来说，会聊天容易展示自己有温度、有智慧的一面，获得更多的信任……总之，对于每一个人来说，会聊天都是生存之道、快乐之道。

刘 Sir：您能给年轻人推荐三本您认为值得品读的书吗？

张大鹏： 第一本是《易中天中华史——王安石变法》，其实这是一套书，大家有机会可以看看。易老师有很好的历史观，而且把故事写得非常好！我推荐的第二本是麦基的《故事》，麦基说："故事就是生活的比喻。"普通读者看了这本书会懂得怎么讲故事。而会讲故事的人，肯定会聊天！第三本是我正在看的《未来简史》。这三本书，恰好是"过去的事""现在的事"和"未来的事"。

成就你的往往是你经历的绝望和痛苦

刘 Sir：您认为女性该如何成长蜕变，变成她心中曾经梦想的样子？

奕丹：我认为成长是女性在任何阶段的必修课。就像学习和思考一样，它应该是终身制的。一说到学习，很多人都会觉得特别有压力。但是，我说的学习不是指知识的更新，占有知识不一定能占有智慧，完美的女人应该具有丰沛的情商、优雅的谈吐、舒展的身心以及自在欢喜的强大。听起来好像有点高大上，但我想每一个人都能通过一点小的改变发现自己也是具备这样的能力的。

很多姑娘觉得说起来容易，做起来难。有什么好方法能让自己成长？

第一，了解自己。你可以拿一张白纸写下自己的优缺点。你经常在无意识当中的第一反应就是你的优缺点。比如说，当你与伴侣吵架的时候，你的第一反应是关机、冷暴力、发生强烈的肢体冲突。当职场失意的时候，你的第一反应是出去喝酒、狂吃一顿、疯狂购物。

当你列出了这些之后，思考背后的心理逻辑即心理动机，你就会豁然开朗。

第二，阅读人物传记。因为我就是通过阅读传记找到了自己的女性偶像。我看到她在命运的波折下如何抉择、成长、激励自己、锻造自己，为我的现实生活提供了蓝本和坚持下去的勇气和动力。我真心希望大家能够通过我的节目找到你心中的女性榜样。

第三，假装自信。我们经常会因为不够自信而错失了很多机会，比如喜欢的男孩儿、不错的职位。很多女性会觉得自己还没有准备好，不应该盲目出击。但是我一直有一个小观点：不试试，怎么知道自己行不行？其实，在这个世界上，没有什么是不可以做的，只有你敢不敢尝试。也许多年之后你会感谢当年那个勇敢改变的自己。

刘 Sir： 在您采访过的名人大咖中，哪一位对您的影响最深远？

奕丹： 前不久我采访了一个大腕儿，他的亲切给我的印象特别深。我认真地编辑好节目预告和公号文章后推送给了他，他回复说："好的，谢谢。"本来以为这就是客套话，没想到他真的是认认真真地把所有的节目都听完了，而且发了很多感想给我。我当时就在感慨：没有人是随随便便成功的。他的认真和细致很多人都做不到。

在生活中，我们要关注在我们各自的领域所遇到的一些精英人群，他们其实就是我们学习的榜样。

刘 Sir： 您开设了一堂女性励志成长课，带领广大女性同胞从二十位伟大的女性身上学习并获取自己的人生定位和方向。在这

二十位伟大女性中，对您影响最大的三位女性是谁？

奕丹：第一位是香奈儿，第二位是谢丽尔·桑德伯格，第三位是杨绛。

香奈儿出身贫寒，从小就是私生女，她很小的时候就被父亲抛弃到了孤儿院，所以她一生当中经历了各种各样的变故。一切的苦难并没有击垮她，反而让她变得更加强大、坚毅、果敢和骄傲。直到现在，她的很多名言都激励着我："一个女孩儿应该拥有两个样子，她自己的样子和她想成为的样子。""你每一天都应该穿得特别漂亮，因为你永远不知道今天出门将发生什么，将会遇到谁。"她告诉我们，一个女性到底该怎样生活，也告诉我们一个女性到底应该相信什么，坚持什么。

第二位是谢莉尔·桑德博格。我想很多朋友都看过她的那本畅销书《向前一步》，与其说这是一本励志书，不如说它是一本带领广大女性进行内心革命的书。它打破了对女性的固有偏见，带领女性真正地像男性一样思考。尤其是当面对机会、选择和未来的时候，我们要像男性一样自信。

第三位是杨绛。她虽然出身名门，却不带一点儿骄奢轻纵，而更多了一份知书达理，娴雅大气。在很多的艰难忧患中，她并没有展现出一个女性的柔弱，而是变得淡定、强大和从容。她告诉我们，一个女性在面对命运这位不速之客时，该如何去成就自己。

刘 Sir：您认为成长后的女性该具备什么样的素质？

奕丹：我特别喜欢一句话：女人的成熟比成功更重要。成熟就是从容和淡定。我们能够从容地面对得与失，平静地处理烦琐细碎的工作和各种各样的情绪。我们坚定地自信，从来不将就，但也不计较。我们拿得起，放得下。即使一个人生活，也要每天把自己打扮得美美的……这就是我对于女性品质的一个总结吧。

刘 Sir：社会上不少女性顶着社会和家庭的压力早早地结婚生子，错过了个人发展的机会，对此您有什么看法？

奕丹：首先，我想说两个观点。第一，我并不认为女性要顶着社会和家庭的压力早早地结婚生子。第二，我也不认为因为你结婚生子了就要放弃自己的个人发展和成长。

女性的成长和个人发展与是否结婚生子是不冲突的。我给大家讲一个故事：前两天我的一个女性同事跟我抱怨说她最近想买几身衣服。我说："你很少逛街啊，为什么突然想起来买衣服呢？"她说她前两天去幼儿园接送女儿，女儿和她大吵大叫，意思是"为什么同班同学的妈妈那么漂亮，那么会打扮，而你永远都是这几身衣服？我想要漂亮妈妈"。当时她心里就一惊，感到心酸。

每一个女性，无论你处在什么阶段，都要时时刻刻让自己美美地出现在别人面前。女性的一生要不断地去学习和成长，这是一门必修课。很多女性会因为维护家庭关系而放弃个人的成长，我认为这是一个特别不理智的选择。工作、成长和学习可以提升一个女人的气质。三十岁之前的女性的魅力更多是靠天生的外貌，但是三十岁之后的女性靠的是气质，这种气质就是指知性、内在的美。

刘 Sir：除了节目中提到的名人传记、名人轶事以外，您能再给大家推荐三本值得品读的书吗？

奕丹：第一本就是谢莉尔·桑德博格的《向前一步》。女性看的话能够让你真正抛下之前对于女性的传统认知，让你更勇敢地向前一步。而男性看了这本书之后会相信你的太太完全可以做到家庭事业双丰收，会更加理解你的妻子的辛苦和伟大。

我推荐的第二本书是《人类简史》。当你不再执着于科学、政治或者宗教以及某一个领域的发展过程，而是关注到我们人类本身、社会的整体的演变，观察这些领域之间的相互作用时，你就会感觉到你脑海当中的很多非常零碎的历史和知识，就像拼图一样各就各位，构成一个非常宏大的图景。

第三本书我推荐的是毕淑敏的《恰到好处的幸福》。这本书能够让你懂得幸福的正确打开方式，懂得温润的力量。就像书封上写的：深深的话，我们浅浅地说；长长的路，我们慢慢地走。

腹有诗书气自华。我特别希望每位女性能够在读书当中成长，不断地精进自己，成为与众不同的，灵魂有香气的女子。